网络信息安全及管理研究

金　磊　刘艳东　张祥瑞◎著

中国商务出版社
·北京·

图书在版编目（CIP）数据

网络信息安全及管理研究 / 金磊，刘艳东，张祥瑞著 . -- 北京 : 中国商务出版社 , 2024. 9. --ISBN 978-7-5103-5437-3

Ⅰ . TP393. 08

中国国家版本馆 CIP 数据核字第 20247H9P48 号

网络信息安全及管理研究

金　磊　刘艳东　张祥瑞　著

出版发行：中国商务出版社有限公司

地　　址：北京市东城区安定门外大街东后巷 28 号　　邮　　编：100710

网　　址：http://www.cctpress.com

联系电话：010—64515150（发行部）　010—64212247（总编室）

　　　　　010—64515164（事业部）　010—64248236（印制部）

责任编辑：杨　晨

排　　版：北京盛世达儒文化传媒有限公司

印　　刷：宝蕾元仁浩（天津）印刷有限公司

开　　本：710 毫米 ×1000 毫米　　1/16

印　　张：15.25　　　　字　　数：236 千字

版　　次：2024 年 9 月第 1 版　　　　印　　次：2024 年 9 月第 1 次印刷

书　　号：ISBN 978-7-5103-5437-3

定　　价：79.00 元

凡所购本版图书如有印装质量问题，请与本社印制部联系

版权所有　翻印必究（盗版侵权举报请与本社总编室联系）

前　言

在当今数字化高速发展的时代，网络已经成为人们生活、工作和社会运转不可或缺的一部分。从日常的社交娱乐到关键的医疗服务、金融交易，网络的触角延伸至各个领域。然而，伴随其蓬勃发展的是日益严峻的网络信息安全挑战。

网络信息安全问题的影响范围之广、危害程度之深，超乎想象。个人隐私泄露事件频发，大量用户的姓名、身份证号、银行卡号等敏感信息被不法分子窃取，导致财产损失和生活困扰。企业的商业机密被竞争对手恶意获取，使其在市场竞争中处于劣势，甚至面临生存危机。而对于国家来说，关键基础设施如能源、交通、通信等的网络系统一旦遭受攻击，将威胁到国家安全和社会稳定。

网络信息安全管理的重要性不言而喻。有效的管理不仅能够预防信息泄露和恶意攻击，还能在危机发生时迅速响应，降低损失。然而，当前的网络信息安全管理面临诸多难题。安全防护手段难以跟上技术更新换代的步伐，新的漏洞和威胁不断涌现。

综上所述，对网络信息安全及管理的研究具有极其重要的现实意义。《网络信息安全及管理研究》一书旨在深入探讨网络信息安全的现状、问题及应对策略，通过对相关技术、管理方式和法律法规的分析，为构建更加安全、可靠的网络环境提供理论支持和实践指导。

本书在编写过程中，作者搜集、查阅和整理了大量文献资料，在此对学界前辈、同仁和所有为此书编写工作提供帮助的人员致以衷心的感谢。由于篇幅有限，本书的研究可能存在不足之处，恳请各位专家、学者及广大读者提出宝贵意见和建议。

作　者

2024.5

目　录

第一章

网络信息安全概述

第一节 网络信息安全的基本概念

一、网络信息安全的定义

（一）计算机安全

计算机安全是指通过技术和管理手段，保护计算机系统及其数据免受未经授权的访问、使用、披露、破坏、修改或丢失，确保系统及数据的保密性、完整性和可用性。计算机安全涵盖硬件安全、软件安全和数据安全等多个方面。

（1）硬件安全涉及物理设备的保护，防止设备被盗、损坏或未经授权的物理访问。例如，使用安全锁、防盗报警系统和监控设备等。

（2）软件安全注重保护计算机软件的可靠性和安全性，防止非法复制、修改或破坏。使用正版软件、定期更新补丁和防病毒软件是常见的保护措施。

（3）数据安全旨在保护计算机系统中的数据免受未经授权的访问、修改或删除。数据加密、备份、防火墙和入侵检测系统等是常见的保护手段。

（二）网络安全

网络安全指保护网络系统及其数据免受攻击、破坏或未经授权的访问，确保网络系统的可用性、完整性和保密性。网络安全包括网络架构安全、网络协议安全、网络设备安全和网络访问控制等方面。

①网络架构安全：设计和实施安全的网络架构，防止网络架构被攻击或滥用。常见措施有使用防火墙、虚拟专用网络（VPN）和网络分段等。

②网络协议安全：确保网络通信协议的安全性，防止协议漏洞被利用进行攻击。常见的安全协议包括SSL/TLS和IPsec等。

③网络设备安全：保护路由器、交换机等网络设备免受攻击和未经授权的访问。常见措施有设备固件更新、强密码策略和访问控制列表（ACL）等。

④网络访问控制：通过认证和授权机制，控制网络资源的访问权限，确保只有合法用户才能访问网络资源。单点登录（SSO）和双因素认证（2FA）是常见的措施。

（三）网络信息安全

网络信息安全是计算机安全和网络安全的综合，保护信息在网络中的传输、存储和处理过程中的安全性，涉及技术层面的保护和管理层面的措施。网络信息安全的核心目标是确保信息的保密性、完整性和可用性。

①信息保密性：确保信息在传输和存储过程中不被未经授权的人员获取。数据加密和访问控制是常见的措施。

②信息完整性：确保信息在传输和存储过程中不被未经授权的修改或破坏。数字签名和哈希函数是常见的技术手段。

③信息可用性：确保合法用户能够在需要时及时访问信息和网络资源。冗余设计和故障恢复机制是常见的措施。

二、网络信息安全的主要内容

网络信息安全包括安全管理体系、身份认证和访问控制、数据加密与保护、网络安全设备与技术、安全监控与审计、应急响应与恢复等方面。

（一）安全管理体系

安全管理体系是确保组织内信息安全的一整套政策、程序和技术措施的集合。一个完善的安全管理体系通常包括以下几个方面。

1. 安全政策的制定

安全政策是组织信息安全管理的基石，它明确了组织在信息安全方面的基本准则、目标和方向。安全政策的制定需要综合考虑组织的业务需求、风险评估结果以及相关的法律法规要求。这些政策涵盖了数据保护、访问控制、应急响应等核心领域，需要具体到每个部门、每个岗位的操作规程和职责。

在制定安全政策时，高层管理的参与和推动至关重要。他们需要深入理解信息安全的重要性，并将其纳入组织的整体战略规划中。同时，政策的制定也需要广泛征求员工和利益相关者的意见，以确保其符合组织的实际情况和需求。

2. 安全标准的执行

安全标准是组织在信息安全方面需要遵循的具体技术和管理要求。这些标准通常包括一系列控制措施和流程，用于指导和规范组织的信息安全实践。国际标准化组织（ISO）制定的 ISO/IEC 27001 是信息安全管理领域的国际标准之一，它为组织提供了一个系统化的信息安全管理框架。

在执行安全标准时，组织需要建立相应的管理体系和流程，确保标准得到有效遵循。这包括建立安全控制框架、制定安全控制措施、进行安全审计和监控等方面。同时，组织还需要关注安全标准的更新和发展趋势，及时调整和完善自身的安全管理体系。

3. 安全风险评估与管理

安全风险评估是组织识别、分析和评估信息安全风险的过程。它帮助组织了解其面临的威胁和脆弱性，从而制定有效的风险管理策略。风险评估通常包括风险识别、风险分析、风险评估和风险控制等。

在风险评估过程中，组织需要综合考虑内部和外部因素，如技术漏洞、人为错误、自然灾害等。同时，还需要结合组织的实际情况和需求，制定相应的风险应对措施和预案。这些措施可能包括加强访问控制、加密敏感数据、建立应急响应机制等。

4. 安全意识与培训

安全意识与培训是提升组织全员信息安全素养的重要途径。通过定期的安全培训和教育活动，可以帮助员工了解最新的安全威胁和防范措施，增强其防范意识和应对能力。

在安全意识与培训方面，组织需要制定具体的培训计划和内容，确保员工能够全面了解和掌握信息安全知识和技能。同时，还需要建立相应的考核机制，对员工的培训效果进行评估和反馈。此外，组织还可以通过各种渠道和形式，如内部网站、宣传栏、电子邮件等，向员工宣传信息安全知识和文化，提高整个组织的信息安全素养。

（二）身份认证和访问控制

在网络信息安全这一领域，身份认证和访问控制是构建安全防线的基础，确保只有经过合法授权的用户才能访问组织的敏感资源。

1. 身份认证技术

身份认证技术作为信息安全的第一道屏障，旨在确保用户的身份是真实可靠的。这一技术涵盖了多种认证方法，每一种都有其独特的应用场景和优缺点。

（1）用户名密码

用户名密码是最常见、最基础的身份认证方式。用户通过输入预设的用户名和密码来验证身份。然而，这种方式的安全性相对较低，因为密码容易被猜测、暴力破解或泄露。为了提高安全性，组织通常会实施强密码策略，要求用户设置包含大小写字母、数字和特殊字符的复杂密码，并鼓励用户定期更换密码。

（2）智能卡

智能卡是一种包含加密芯片的物理卡片，用于存储用户的身份信息。与用户名密码相比，智能卡具有更高的安全性。用户需要插入智能卡并输入 PIN 码或进行生物识别才能访问系统。智能卡结合 PIN 码或生物识别技术使用，可以进一

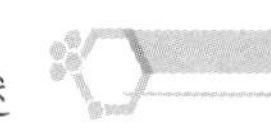

步提高安全性。

（3）生物识别

生物识别技术通过识别用户的生物特征来进行身份认证。这些生物特征包括指纹、虹膜、面部识别等。生物识别技术具有唯一性和难以伪造的特点，安全性较高。然而，生物识别技术也存在缺陷，如识别准确率、用户隐私保护等问题。

2. 访问控制机制

访问控制机制是在身份认证的基础上，对用户的访问权限进行管理和限制的关键技术。以下是几种常见的访问控制模型。

（1）强制访问控制（MAC）

MAC 模型根据预定义的安全策略和用户权限，严格控制用户对资源的访问。在 MAC 模型中，资源的访问权限是由系统管理员设定的，用户无法自主改变。这种方法通常应用于高安全性要求的环境，如军事、金融等领域。

（2）自主访问控制（DAC）

DAC 模型允许资源所有者根据自己的需要授予或撤销对资源的访问权限。这种方法灵活性高，但也可能导致安全风险。因为资源所有者可能会因疏忽或恶意行为而授予不恰当的访问权限。因此，在 DAC 模型中，资源所有者需要具备较高的安全意识。

（3）角色基于访问控制（RBAC）

RBAC 模型根据用户的角色来授予访问权限。在 RBAC 模型中，用户被分配到一个或多个角色中，每个角色具有不同的权限。当用户需要访问某项资源时，系统会检查该用户所属的角色是否具有相应的权限。RBAC 模型简化了权限管理，提高了安全性。

（4）基于属性的访问控制（ABAC）

ABAC 模型根据用户属性、资源属性和环境条件动态决定访问权限。在 ABAC 模型中，访问控制决策是基于一组预定义的属性和策略进行的。这种方法提供了更细粒度和更灵活的访问控制，适用于复杂的安全需求场景。

（三）数据加密与保护

数据加密是保护信息机密性的核心技术，通过将明文数据转换为密文数据，防止未经授权的访问。

1. 对称加密

对称加密技术以其高效和简洁性在网络信息安全中占据了重要地位。其原理在于使用相同的密钥进行加密和解密，这大大简化了密钥管理的复杂性。AES（高级加密标准）和 DES（数据加密标准）作为对称加密领域的代表算法，因高安全性和广泛应用而备受推崇。AES 算法凭借其强大的加密能力和灵活的密钥长度选择，成为众多领域的首选加密方案。DES 虽然因密钥长度较短而在安全性上稍显不足，但其曾经发挥过重要作用，并对后续加密算法的发展产生了深远影响。

2. 非对称加密

与对称加密不同，非对称加密技术采用了公钥和私钥这一对密钥进行加密和解密。公钥用于加密数据，而私钥则用于解密数据。这种独特的加密机制使得非对称加密在安全性上更具优势。RSA 和 ECC（椭圆曲线加密）作为非对称加密领域的代表算法，其安全性和效率均得到了广泛认可。RSA 算法以其强大的加密能力和广泛的适用性，成为网络安全领域的基石。而 ECC 算法则以其较小的密钥长度和较高的安全性，成为在资源受限环境下进行安全通信的理想选择。

3. 哈希函数

哈希函数在数据完整性校验和数字签名等方面发挥着重要作用。它通过将任意长度的输入数据映射为固定长度的输出（哈希值），确保了数据的完整性和真实性。MD5、SHA-1 和 SHA-256 等常见的哈希算法，因其高效性和安全性而得到了广泛应用。这些算法在防止数据篡改和伪造方面发挥了重要作用，为网络信息安全提供了有力保障。

4. 数据脱敏

在保护数据隐私方面，数据脱敏技术发挥着重要作用。它通过修改敏感数

据使其不可识别，从而防止了未经授权的访问和滥用。数据掩码、数据置换和数据分组等常见的脱敏技术，可以根据实际需求进行灵活应用。这些技术在保护个人隐私和企业机密方面具有重要意义，是网络信息安全的重要组成部分。

5. 数据备份

数据备份作为防止数据丢失的重要措施，在网络信息安全中占据了举足轻重的地位。通过定期备份和异地备份等手段，可以使数据在遭受损失时迅速恢复。全备份、增量备份和差异备份等备份策略可以根据实际需求进行灵活选择。这些策略在保障数据安全性和可用性方面发挥了重要作用，是网络信息安全不可或缺的一部分。

（四）网络安全设备与技术

网络安全设备和技术用于保护网络边界和内部的安全。

1. 防火墙

防火墙，作为网络安全的第一道防线，其重要性不言而喻。它通过预定义的安全策略，对网络流量进行严格的控制和过滤。防火墙主要分为网络层防火墙和应用层防火墙两种类型。

网络层防火墙主要工作在网络协议栈的底层，根据 IP 地址和端口号进行过滤。它能够对进入和离开网络的数据包进行检查，并根据设定的规则允许或拒绝。这种防火墙简单易用，但对于复杂的网络攻击和应用层威胁，其防护能力有限。

应用层防火墙则工作在网络协议栈的高层，根据应用协议进行过滤。它能够识别出各种应用层协议，如 HTTP、FTP、SMTP 等，并根据应用层协议的特性进行更深入的安全检查。应用层防火墙能够更好地应对应用层威胁，如 SQL 注入、跨站脚本攻击等。

2. IDS 与 IPS

入侵检测系统（IDS）和入侵防御系统（IPS）是网络安全领域的另一对重要工具。IDS 主要用于检测网络中的异常活动和潜在攻击，它通过分析网络流量和系统日志，发现入侵行为并发出警报。IDS 能够实时监控网络状态，帮助管理员及时发现和处理安全问题。

而 IPS 则在 IDS 的基础上增加了自动响应的能力。当 IPS 检测到入侵行为时，它能够自动采取措施阻止攻击，如阻断连接、丢弃数据包等。IPS 的主动防御能力使它能够更有效地应对网络威胁，保护网络免受攻击。

3. VPN

VPN 是一种通过加密技术在公共网络上建立安全的通信通道的技术。VPN 能够确保数据在传输过程中的保密性和完整性，防止数据被窃取或篡改。常见的 VPN 协议包括 PPTP、L2TP 和 IPsec 等。

VPN 的工作原理是在发送方和接收方之间建立一个加密的隧道，所有数据都通过这个隧道传输。在隧道中，数据被加密处理，即使被截获也无法被解密和读取。同时，VPN 还能够提供身份验证和访问控制功能，确保只有授权的用户才能访问网络资源。

4. 网络分段

网络分段是一种通过将网络划分为多个子网来限制攻击传播范围的技术。通过划分不同的子网，可以将不同的用户、应用和服务隔离开来，防止一个子网中的攻击扩散到整个网络中。

网络分段可以通过 VLAN（虚拟局域网）和子网划分等技术实现。VLAN 技术可以在物理网络上创建多个逻辑网络，每个逻辑网络都可以被视为一个独立的子网。子网划分则是通过配置 IP 地址和子网掩码来将网络划分为不同的子网段。这些技术都可以有效地限制攻击的传播范围，提高网络的安全性。

（五）安全监控与审计

安全监控与审计是确保网络和系统安全的重要手段。

1. 安全信息和事件管理（SIEM）

SIEM 是一种集成化、智能化的安全监控解决方案。它通过收集、标准化、存储、分析和报告来自各种设备和系统的安全事件信息，为组织提供全面的安

全态势感知。SIEM 系统能够实时检测安全事件，如未授权访问、恶意软件活动、数据泄露等，并基于预设的规则和算法提供预警和响应建议。

SIEM 系统的核心功能包括日志管理、事件关联分析、威胁情报集成和自动化响应等。通过收集和分析来自防火墙、入侵检测系统（IDS/IPS）、终端安全解决方案、应用安全系统等不同来源的日志和事件信息，SIEM 系统能够发现潜在的安全威胁和异常行为。此外，SIEM 系统还能够与威胁情报平台集成，获取最新的威胁情报信息，进一步提升安全监控的准确性和效率。

2. 日志分析

日志分析是安全监控与审计中的另一个重要环节。通过收集和分析系统日志、网络流量日志和应用日志，组织可以发现潜在的安全威胁和异常行为。日志分析可以帮助组织了解系统和网络的运行状况，发现潜在的安全漏洞和攻击行为。

在日志分析中，组织可以采用多种技术和工具，如日志聚合、日志解析、模式识别和异常检测等。这些技术和工具可以帮助组织从海量的日志数据中提取有价值的信息，并对其进行深入分析和挖掘。定期的日志审计可以帮助组织发现和修复安全漏洞，提高系统的安全性和稳定性。

3. 合规性审查

合规性审查是确保组织的安全措施符合法律法规和行业标准的重要手段。随着网络安全法规的不断完善和加强，组织需要确保其安全策略和实践符合相关要求，以避免因违规而面临的法律风险和声誉损失。

合规性审查通常包括评估组织的安全策略、安全控制措施、安全培训和意识提升等方面。组织需要确保其安全策略符合相关法律法规和行业标准的要求，并定期对安全控制措施进行评估和更新。此外，组织还需要加强员工的安全培训和意识提升工作，确保员工能够遵守安全规定并防范安全风险。

4. 漏洞扫描

漏洞扫描是发现和修复安全漏洞的重要手段。通过自动化工具扫描系统和应用中的安全漏洞，组织可以及时发现和修复潜在的安全风险。漏洞扫描可以帮助组织了解其系统和应用的安全状况，并为其提供修复漏洞的建议和方案。

常见的漏洞扫描工具包括 Nessus、OpenVAS 等。这些工具能够自动化地扫描系统和应用中的安全漏洞，并生成详细的漏洞报告。组织可以根据漏洞报告中的信息采取相应的措施来修复漏洞并提高系统的安全性。需要注意的是，漏洞扫描工具只能发现已知的安全漏洞，对于未知的安全漏洞还需要采用其他技术和方法来发现和防御。

（六）应急响应与恢复

应急响应与恢复是处理安全事件和恢复正常业务的重要环节。

1. 事件检测

事件检测是应急响应与恢复的首要步骤，它如同哨兵一般，时刻监视着网络和系统的活动，以便及时发现安全事件的蛛丝马迹。基于签名的检测，类似于一种模式匹配，它依赖于已知的病毒、木马等恶意软件的签名信息，一旦发现匹配项，便立即发出警报。而基于行为的检测则更加关注系统或用户的行为模式，一旦这些模式出现异常，检测系统也会及时发出警报。最后，基于异常的检测则是通过分析系统或网络的正常行为模式，一旦发现与正常模式不符的异常行为，便会触发警报。

2. 事件响应

一旦检测到安全事件，事件响应团队就如同指挥所一般，迅速启动应急响应流程。事件分类是首要任务，它将安全事件按照性质、严重程度等进行分类，以便后续的处理。接着，事件优先级划分则根据事件的紧急程度、影响范围等，为每一个事件分配相应的处理优先级。事件调查是深入了解事件原因、影响范围等信息的关键步骤，它依赖于专业的安全分析技术和工具，以及经验丰富的安全专家的判断。最后，事件解决则是根据调查结果，采取相应的措施，消除安全隐患，防止事件再次发生。

3 事故报告

事故报告是记录安全事件详细情况、影响评估以及解决方案的重要文档，

它如同档案库，保存着组织在应对安全事件过程中的经验和教训。事故报告不仅有助于组织内部总结经验教训，改进安全措施，还可以为其他组织提供借鉴和参考。在编写事故报告时，需要详细描述事件的起因、经过、影响范围、解决方案以及预防措施等信息，确保报告的全面性和准确性。

4. 恢复计划

恢复计划是在发生安全事件后能够迅速恢复正常业务的重要保障。它包括灾难恢复计划和业务连续性计划两个方面。灾难恢复计划主要关注在发生严重安全事件（如数据泄露、系统崩溃等）后如何迅速恢复数据、系统和业务。它通常包括数据备份、恢复策略、恢复流程等内容。而业务连续性计划则更加关注在发生安全事件时如何确保业务的连续运行，它包括应急预案、备用资源、应急演练等内容。在制定恢复计划时，需要充分考虑组织的实际情况和需求，确保计划的可行性和有效性。

第二节　网络信息安全的重要性

一、个人信息安全

在当今这个数字化时代，个人信息安全已成为一个不容忽视的重大议题。随着科技的飞速发展，个人信息的广泛收集与利用在带来便利的同时，也潜藏着巨大的风险。

（一）个人信息的广泛收集与利用

互联网服务、社交媒体、电子商务和在线支付等平台的兴起，极大地丰富了人们的生活。这些平台通过收集和分析用户的个人信息，能够提供更加个性化的服务和推荐，从而提升用户体验。然而，这种广泛收集也如同一把双刃剑，其隐藏的风险不容忽视。

一方面，个人信息的收集和利用确实为企业带来了前所未有的商业机遇。通过大数据分析，企业能够精准地把握市场动态和消费者需求，从而制定更加有效的营销策略。这种基于数据的决策方式不仅提高了企业的运营效率，也促进了整个社会的经济发展。

另一方面，个人信息的广泛收集也带来了严重的安全隐患。由于网络环境的复杂性和不确定性，个人信息在传输和存储过程中极易受到攻击和泄露。一旦这些信息落入不法分子之手，就可能引发一系列严重的后果。

（二）身份盗用与经济损失

身份盗用是个人信息泄露后最直接且严重的后果之一。不法分子利用泄露的个人信息进行非法活动，如申请信用卡、贷款或开设银行账户等。这些行为不仅导致受害者面临巨大的经济损失，还可能对其信用记录和正常生活造成长期影响。

身份盗用的危害远不止于此。由于不法分子往往使用受害者的身份信息进行高风险的金融活动，一旦出现问题，受害者可能需要承担无法预料的法律责任和债务。这种无形的财务黑洞不仅让受害者陷入经济困境，还可能对其心理造成严重的打击。

此外，身份盗用还可能引发一系列连锁反应。例如，受害者可能需要花费大量时间和精力来恢复信用记录、解决法律纠纷和追回经济损失。这些过程不仅烦琐复杂，还可能对受害者的职业和生活造成严重影响。

（三）隐私侵犯与心理压力

隐私侵犯是个人信息泄露后另一个严重的后果。不法分子可以利用泄露的个人信息进行骚扰、恐吓或勒索等。这些行为不仅侵犯了受害者的隐私权，还对其心理造成巨大的压力和伤害。

在互联网和社交媒体高度发达的今天，个人隐私一旦泄露就可能迅速传播

开来。这种广泛传播不仅加剧了受害者的心理压力和焦虑感，还可能对其社会关系和职业生涯造成无法挽回的损害。尤其是在一些涉及个人隐私的敏感领域（如性取向、健康状况等），一旦泄露就可能引发严重的社会歧视和排斥。

隐私侵犯的严重性还在于其对受害者心理层面的长期影响。受害者可能会因为担心个人信息再次泄露而长期处于紧张和不安的状态中，这种心理状态不仅影响其日常生活和工作效率，还可能引发一系列心理健康问题（如抑郁症、焦虑症等）。

（四）个人数据的不当使用

随着大数据和人工智能技术的发展，个人数据成为企业竞相争夺的重要资源。然而，在追求商业利益的过程中，一些企业却忽视了道德底线和法律法规的约束，导致个人数据被不当使用或滥用。

一方面，一些企业为了获取更多的商业利益而过度收集和使用个人数据，不仅收集用户的基本信息（如姓名、地址、电话号码等），还通过技术手段获取用户的在线行为数据、兴趣爱好和社交关系等敏感信息。这些信息被用于精准营销和个性化推荐等商业活动中，虽然提高了企业的运营效率和市场竞争力，但也侵犯了用户的隐私权和数据权益。

另一方面，一些企业在处理个人数据时缺乏透明度和责任感，往往不向用户明确告知数据收集和使用的目的、范围和方式等关键信息；也不尊重用户的知情权和选择权；甚至在未经用户同意的情况下将其个人信息出售给第三方用于广告和营销目的。这些行为不仅违反了相关法律法规也严重损害了用户的合法权益和信任感。

个人数据的不当使用还可能引发更为严重的问题。例如，数据泄露和滥用可能导致敏感信息被不法分子利用进行网络诈骗、勒索软件攻击，也可能导致个人隐私被侵犯和名誉受损等严重后果。这些问题不仅对个人信息安全构成威胁也对整个社会的网络安全和稳定造成负面影响。

二、企业信息安全

网络信息安全不仅关乎企业数据的保密性、完整性和可用性，更直接影响到企业的商业机密、客户信任、财务健康以及法律合规等多个层面。

（一）商业秘密与核心竞争力

企业信息安全的首要价值在于保护其商业秘密和核心技术。商业秘密是企业经过长时间研发和市场验证所积累的宝贵财富，包括但不限于产品研发计划、工艺流程、销售策略、客户名单等。这些信息构成了企业的核心竞争力，是企业在市场中脱颖而出的关键。

当商业秘密被泄露时，企业面临的是一场无声的灾难。首先，技术优势的丧失将直接导致产品竞争力的下降，市场份额可能被竞争对手迅速侵蚀。其次，商业秘密的泄露还可能破坏企业的研发创新体系，使后续的产品和服务失去方向和目标。更为严重的是，一旦商业秘密被公开，企业的市场定位和价值主张将受到质疑，进而影响其品牌形象和市场信誉。

因此，保护商业信息安全不仅是维护企业核心竞争力的需要，更是保障企业持续健康发展的基石。

（二）客户数据与声誉损害

客户数据是企业的重要资产之一，它记录了客户的个人信息、交易记录、行为偏好等敏感信息。这些信息对于企业的客户关系管理、市场分析和精准营销具有重要意义。一旦客户数据泄露，将给企业带来难以估量的损失。

首先，客户数据的泄露可能导致客户的隐私泄露和财产损失。不法分子可能利用这些数据进行电信诈骗、网络钓鱼等违法活动，给客户带来直接的经济损失和心理压力。其次，客户数据的泄露还会严重损害企业的声誉和品牌形象。客户对企业的信任是建立在长期合作和优质服务的基础之上的，一旦信任被打破，客户可能会选择离开并转向竞争对手。最后，客户数据的泄露还可能引发社会舆论的关注和谴责，进一步加剧企业的声誉危机。

为了防范客户数据泄露的风险，企业必须加强数据安全管理，建立完善的数据加密和备份机制，定期对数据库进行安全审计和漏洞扫描。

（三）财务数据与经济损失

财务数据是企业运营状况的直接反映，它记录了企业的收入、支出、利润等关键经济指标。一旦财务数据泄露或被非法访问，将给企业带来严重的经济损失和法律风险。

首先，财务数据的泄露可能导致企业面临金融欺诈和非法交易的风险。不法分子可能利用泄露的财务数据进行虚假交易或非法转账等操作，从而窃取企业的资金或资产。其次，财务数据的泄露还可能引发法律诉讼和罚款等法律后果。一旦企业被指控存在财务数据泄露或管理不善等问题，将面临严格的法律制裁和巨额的罚款赔偿。

为了保障财务数据的安全性和完整性，企业必须提升财务系统的安全防护能力，采用先进的加密技术和访问控制策略确保财务数据的安全存储和传输。同时，企业还需要建立完善的财务审计和内部控制机制确保财务数据的准确性和可靠性。

（四）知识产权与法律风险

知识产权是企业技术创新和品牌价值的重要体现。它包括专利、商标、著作权等多种形式的知识产权。一旦知识产权被窃取或侵权将给企业带来严重的法律纠纷和经济损失。

首先，知识产权的窃取将导致企业失去技术优势和市场份额。竞争对手可能通过非法手段获取企业的核心技术或专利成果并将其用于自己的产品和服务中从而抢占市场份额和客户资源。其次，知识产权的侵权还可能引发法律诉讼和罚款等法律后果。一旦企业被指控存在知识产权侵权行为将面临严格的法律制裁和巨额的罚款赔偿。

为了保护企业的知识产权和防范法律风险企业应当加强知识产权信息的管理和保护工作。

三、国家信息安全

在当今这个数字化、网络化高度发达的时代，网络信息安全已成为国家安全、社会稳定、经济发展以及个人权益保护的基石。它不仅关乎国家政治稳定、经济发展、军事安全等宏观层面，还渗透到社会生活的每一个角落，影响着每一个人的日常生活和隐私安全。

（一）政治稳定与国家安全

国家信息安全是国家安全的重要组成部分，关系到国家的政治稳定和社会秩序。政府机密信息包括国家领导人的行程安排、外交政策、军事部署等，这些信息一旦被不法分子获取，可能被用于实施恐怖活动、颠覆政权等非法行为。例如，不法分子可以利用泄露的国家领导人行程信息策划袭击活动，威胁国家领导人的人身安全，甚至可能导致国家政局动荡。此外，网络攻击和信息战已成为国家间博弈的重要手段，国家信息系统一旦遭受攻击，可能影响国家的政治稳定和社会秩序，危及国家安全。

（二）经济发展与社会稳定

国家经济信息包括宏观经济指标、财政政策、贸易数据等，这些信息不仅用于政府的经济管理和决策支持，还直接关系到国家的经济发展和社会稳定。经济信息一旦泄露或被不法分子利用，影响国家经济政策的实施和市场秩序的稳定。例如，不法分子可以利用泄露的国家经济数据进行非法投机交易，扰乱金融市场，甚至可能导致金融危机。此外，国家重要基础设施的控制系统一旦被黑客攻击，可能导致电力、交通、通信等关键部门的瘫痪，严重影响国家经济的正常运转，威胁社会稳定。

（三）军事安全与国防能力

国防信息包括武器装备信息、军事演习计划、作战部署等，这些信息一旦被敌对势力获取，可能被用于制定针对性的军事打击计划，威胁国家的军事安

全。例如，敌对势力可以利用泄露的国防数据制定精确的攻击方案，对国家的重要军事目标进行打击，削弱国家的防御能力。此外，国防数据的泄露还可能导致国家的军事技术和战略优势被敌对势力窃取，影响国家的长期军事竞争力。尤其是在现代战争中，信息战和网络战已经成为重要的作战方式，国家信息系统一旦遭受攻击，可能对国家的军事安全和国防能力造成严重影响。

（四）国际关系与外交政策

国家信息安全还关系到国际关系和外交政策。国家的外交政策、国际谈判策略、国际合作项目等信息一旦泄露，可能被其他国家或组织利用，影响国家的形象和外交利益。例如，国家的外交策略被泄露，可能导致在国际谈判中处于不利地位，影响谈判结果和国家利益。此外，国家的信息系统一旦遭受网络攻击，可能引发国际争端，影响国家的国际关系和外交政策。因此，保护国家的信息安全，不仅是维护国家利益的需要，也是构建和谐国际关系的重要保障。

第三节　网络信息安全的基本原则

一、最小特权原则

最小特权原则（Principle of Least Privilege，PoLP）指的是每个用户、程序或系统组件在执行任务时，只应被授予完成任务所需的最小权限。其目的在于通过限制权限的范围，减少潜在的安全漏洞和风险。最小特权原则不仅体现了安全设计的精髓，还贯穿于整个信息安全体系构建的始终。

（一）权限的精细划分与动态调整

在复杂的网络环境中，用户、程序及系统组件众多，其所需权限千差万别。

最小特权原则要求对这些权限进行精细划分，确保每个实体在执行任务时仅具备完成任务所必需的最小权限集。这不仅需要前期细致的权限分析，还需要在系统运行过程中进行动态调整。例如，根据用户职责的变化或业务需求的更新，及时调整其权限范围，确保权限的时效性和合理性。

（二）权限滥用的有效遏制

权限滥用是信息安全领域的一大威胁。当某个用户或程序拥有过多权限时，其误操作或恶意行为可能对系统造成严重后果。最小特权原则通过限制权限范围，有效遏制了权限滥用。即使某个账户或组件被攻破，由于权限受限，攻击者也无法获得对整个系统的完全控制权，从而降低了安全风险。

（三）提高系统的可审计性与透明度

在信息安全管理中，可审计性至关重要。最小特权原则要求系统记录所有权限变更和使用情况，使权限管理过程更加透明。这种透明度不仅有助于安全事件的追溯和调查，还能为组织提供改进权限管理的依据。通过定期审查权限使用记录，组织可以发现潜在的权限滥用行为或权限分配不合理之处，及时调整和优化权限管理策略。

（四）与其他安全原则的协同作用

最小特权原则并非孤立的安全原则，它与其他安全原则如最小暴露原则、默认拒绝原则等紧密相关、相辅相成。最小暴露原则要求系统只向外部用户暴露必要的服务或接口，以减少潜在攻击；而默认拒绝原则则要求在未经明确授权的情况下，系统应默认拒绝所有访问请求。这些原则共同构成了信息安全防护的坚固屏障，为组织的信息资产提供了全方位的保护。

二、纵深防御原则

纵深防御原则（Defense in Depth）的重要性及其在现代网络环境中的应用变

得极为显著。它不仅是一种理论上的安全模型，更是实际操作中保护敏感数据和关键基础设施免受恶意攻击的关键手段。

（一）多层次防御的深度解析

纵深防御原则的核心在于“多层次”与“多维度”。这不仅仅意味着在单一层面上堆砌更多的安全工具或技术，而且要在信息系统的不同层级——从物理层、网络层、系统层、应用层到数据层——都部署相应的防御措施。这种层次分明的布局使攻击者需要克服多个障碍才能达成其目标，从而显著增加了攻击的难度和成本。

在物理层，访问控制、监控摄像头、环境传感器等设备共同构建了一道物理防线，防止未经授权的实体进入数据中心或关键设备区域。网络层则通过防火墙、IPS 和深度包检测（DPI）等技术，对进出网络的数据包进行严格的过滤和审查，防止恶意流量和未授权访问。系统层则依赖于操作系统安全加固、补丁管理、账户权限控制等手段，确保系统本身的健壮性和安全性。应用层则通过代码审计、输入验证、会话管理等措施，防止应用层漏洞被利用。最后，在数据层，加密技术、数据备份与恢复策略、访问控制列表（ACL）等机制，确保了数据的机密性、完整性和可用性。

（二）多维度防御的广度拓展

除了层次性，纵深防御原则还强调防御措施的多维度。这包括技术、管理和人员等多个方面。技术维度的重要性是显而易见的，但管理和人员维度同样重要。有效的安全策略需要明确的安全政策、流程和规范支撑，这些都需要通过管理层面的努力来实现。同时，人员的安全意识、技能培训和应急响应能力也是确保纵深防御体系有效运行的关键。

在管理层面，企业需要制定全面的安全策略，明确安全目标、责任和流程。这包括定期进行风险评估和漏洞扫描，及时修复发现的安全隐患；实施安全培训和意识提升计划，提高员工对安全威胁的识别和应对能力；建立应急响应机制，确保在发生安全事件时能够迅速、有效地处置。

（三）纵深防御的弹性与恢复

纵深防御原则还强调系统的弹性和恢复能力。在复杂多变的网络环境中，任何单一的安全措施都存在被绕过或失效的风险。因此，通过构建多层次的防御体系，即使某一层防御被突破，其他层次仍能提供有效的保护。此外，系统的恢复能力也是至关重要的。通过制定详细的灾难恢复计划和业务连续性计划，企业可以在遭受攻击后迅速恢复关键业务和服务，减少损失和影响。

三、阻塞点原则

阻塞点原则（Choke Point Principle）是指在网络或系统的关键位置设置安全控制点，通过这些控制点对流量和操作进行集中监控和管理。其目的在于通过严格控制少数几个关键点，全面监控和防护系统的安全。阻塞点原则不仅体现了安全防御“以点带面”的精髓，还展现了高效利用有限资源以应对复杂安全挑战的智慧。

（一）集中监控与高效响应

阻塞点原则的核心在于“集中”。在信息爆炸的时代，网络流量和数据量呈指数级增长，安全威胁也随之变得更为隐蔽和多变。通过设立阻塞点，即在网络架构中的关键节点实施严格的监控与过滤，能够极大地提高安全团队的工作效率。这些节点如同网络中的“关卡”，所有进出数据均需经过严格审查，任何异常行为都将被即时捕捉并报告给安全团队，确保在威胁扩散之前就能迅速做出反应。

（二）风险识别的精细化

阻塞点的设置并非随意而为，而是基于对网络架构的深入理解和对潜在威胁的精准预判。安全团队需要运用大数据分析、机器学习等先进技术，对网络流

量、用户行为等数据进行深度挖掘，识别出潜在的安全风险点。这些风险点可能隐藏在数据传输的某个环节，也可能隐藏在用户行为的微妙变化中。通过精细化的风险识别，阻塞点原则能够实现对安全威胁的早发现、早预警，为后续的防御工作赢得宝贵时间。

（三）安全策略的灵活性

随着网络技术的不断发展和安全威胁的日益复杂，阻塞点原则的实施也需要具备高度的灵活性。安全团队需要根据网络环境的变化，及时调整和优化阻塞点的设置，确保安全防护措施始终能够有效应对最新的安全威胁。例如，随着云计算、物联网等新兴技术的广泛应用，网络边界变得模糊，传统的基于网络层面的阻塞点设置已无法满足需求，安全团队需要探索在应用层、数据层乃至云环境中设立新的阻塞点，以实现对新兴威胁的有效防控。

（四）协同效应的发挥

阻塞点原则并非孤立的安全策略，它需要与其他安全控制措施紧密配合，共同构建全方位、多层次的安全防护体系。例如，防火墙、入侵检测系统、访问控制列表等安全设备和技术可以与阻塞点原则形成协同效应，共同提升系统的安全防护能力。同时，安全团队还需要加强与其他部门的沟通与协作，共同制定和执行安全策略，确保在发生安全事件时能够迅速响应、协同作战。

四、最薄弱链接原则

最薄弱链接原则（Weakest Link Principle）强调在安全策略中关注系统中最薄弱的环节，因为系统的整体安全性往往取决于最薄弱的部分。其目的在于通过识别和加强薄弱环节，提高整体系统的安全性和防御能力。最薄弱链接原则不仅是一个理论上的概念，更是网络安全实践中不可或缺的指导方针。

（一）薄弱环节的多样化

需要明确的是，“最薄弱链接”并非总是显而易见的。在网络环境中，这一薄弱点可能隐藏在硬件设备的老旧、软件系统的漏洞、不安全的网络协议、缺乏有效的访问控制，或是员工的安全意识不足等多个层面。每一个环节的疏忽，都可能成为敌人攻击的突破口。因此，全面而细致的安全评估变得尤为重要，它要求组织不仅关注显性的技术漏洞，还要深入管理、流程、人员等各个维度。

（二）安全评估的复杂性

进行全面的安全评估并非易事。这需要对系统的每个组件进行深入的剖析，理解其工作原理、依赖关系以及潜在的安全风险。同时，还需要考虑到外部威胁的多样性和动态性，如新型攻击技术的不断涌现、黑客攻击手段的不断升级等。因此，安全评估必须是一个持续的过程，而非一次性的任务。组织需要建立常态化的安全监测和响应机制，及时发现并应对潜在的安全威胁。

（三）漏洞扫描与渗透测试的局限性

虽然漏洞扫描和渗透测试是识别系统安全漏洞的有效手段，但它们也存在一定的局限性。首先，这些测试往往只能发现已知的安全漏洞，而对于未知或零日漏洞则无能为力。其次，测试的结果可能因测试环境、测试工具以及测试人员技能水平等而使结果的准确性和可靠性受到限制。因此，组织在使用这些技术手段的同时，还需要结合其他方法，如代码审计、安全培训、应急演练等，以全面提升系统的安全性。

（四）安全培训与意识提升

员工的安全意识和技能水平是网络安全的重要防线。然而，由于员工在专业背景、工作经验以及个人习惯等方面存在差异，他们在面对网络安全威胁时可能表现出不同的应对能力。因此，组织需要加强对员工的安全培训，提高他们对网络安全威胁的认识和应对能力。这包括定期进行安全知识普及、模拟攻击演

练、安全政策宣贯等多种形式。同时，还需要建立健全的安全责任制度，明确员工在网络安全中的职责和义务，确保他们在工作中严格遵守安全规定。

（五）综合考虑与持续改进

最薄弱链接原则提醒我们，网络安全是一个复杂的系统工程，需要综合考虑多方面的因素。在实践中，组织需要根据自身的实际情况和业务需求，制定切实可行的安全策略和措施。同时，还需要建立持续改进的机制，不断对安全策略进行修订和完善，以适应外部环境的变化和内部需求的调整。只有这样，才能确保网络信息系统在复杂多变的网络环境中保持安全稳定。

五、失效保护状态原则

失效保护状态原则（Fail-Safe Principle）是指在系统发生故障或受到攻击时，应确保系统进入一种安全状态，而不是暴露出更多的漏洞或风险。其目的在于通过设计和配置，使系统在失效时依然保持一定的安全性，避免造成更大的损害。失效保护状态原则不仅要求设计人员在系统设计之初就预见到可能的失效场景，还促使人们采取一系列前瞻性的措施，以确保在真实世界中遭遇意外时，系统能够优雅地降级至一个安全、可控的状态，而非暴露更多的脆弱性，甚至引发连锁反应，造成不可挽回的损失。

（一）预见性与前瞻性

失效保护状态原则的核心在于“预见”。这要求系统设计者具备高度的敏锐性和洞察力，能够预见到系统可能遭遇的各种失效模式，包括但不限于硬件故障、软件缺陷、人为错误、外部攻击等。通过全面的风险评估和威胁建模，设计者能够构建出一个详尽的失效场景清单，并据此制定应对策略。这种前瞻性不仅体现在对已知威胁的防范上，更在于对未知威胁的预警和准备，确保系统在面对未知挑战时也能保持一定的韧性。

（二）安全状态的界定

在失效保护状态原则下，“安全状态”并非一个模糊的概念，而是需要被明确界定和量化的。它可能意味着系统能够继续提供关键功能但降低性能，或者暂时关闭非核心服务以保护核心数据不受侵害。无论哪种情况，系统都必须确保在失效状态下，关键数据和业务流程的安全性和完整性不受影响。这要求设计者在制定失效保护策略时，必须深入了解业务需求和安全要求，确保策略的实施既符合业务连续性计划，又满足安全合规标准。

（三）自动化与智能化

为了实现快速、有效的失效保护，系统必须高度自动化和智能化。自动化监控和报警机制能够及时发现并响应系统中的异常情况，减少人工干预的延迟和错误。而智能化决策支持系统则能根据预设的规则和算法，自动选择并执行最优的失效保护策略，确保系统在短时间内恢复到一个相对稳定和安全的状态。这种自动化和智能化的结合，不仅提高了系统的响应速度和恢复能力，还降低了运维成本和人力负担。

（四）冗余与容错

冗余和容错是实现失效保护状态的重要手段。通过部署备用系统和数据备份，系统可以在主系统失效时迅速接管业务，确保服务的连续性和数据的可用性。同时，通过采用容错技术和容错算法，系统能够在部分组件失效的情况下继续运行，减少对整体性能的影响。这种冗余和容错的设计思路，不仅增强了系统的健壮性和稳定性，还提高了系统的可靠性和可用性。

（五）持续评估与优化

失效保护状态原则并非一劳永逸的解决方案。随着技术的不断发展和威胁的不断演变，系统面临的失效风险也在不断变化。因此，对失效保护策略的持续评估和优化显得尤为重要。通过定期的漏洞扫描、安全审计和应急演练等活动，

系统设计者能够及时发现并修复潜在的漏洞和弱点，提高系统的安全防护能力。同时，根据实际的失效案例和应急响应经验，设计者还可以对失效保护策略进行调整和优化，以更好地适应新的威胁和挑战。

六、普遍参与原则

普遍参与原则（Universal Participation Principle）强调信息安全不仅仅是技术部门的责任，还需要全体员工的共同参与和配合。其目的在于通过全面的安全培训和意识教育，提升整个组织的信息安全水平。

（一）普遍参与原则的深度剖析

普遍参与原则的核心在于“普遍”二字，它打破了传统观念中信息安全仅为IT或安全部门职责的界限。在现今高度互联的工作环境中，每一个员工都可能是信息泄露的潜在点，也可能是抵御外部攻击的坚强防线。因此，将信息安全意识根植于每一个员工心中，使其在日常工作中时刻保持警惕，是构建坚不可摧信息安全体系的关键。

（二）信息安全的多维度考量

信息安全是一个系统工程，涉及技术、管理和人员等多个方面。技术层面的防火墙、加密技术等固然重要，但没有正确的管理策略和员工行为作为支撑，这些技术手段将形同虚设。普遍参与原则正是从这一角度出发，强调通过全员参与，将信息安全融入组织文化的每一个角落，形成一道由人构成的“活”的防护网。

（三）安全培训与意识教育的重要性

安全培训和意识教育是普遍参与原则得以实现的重要手段。通过定期的培训，员工能够了解最新的安全威胁、学习有效的防护技能，并在实际工作中加以应用。这种“学以致用”的培训模式，不仅提高了员工的安全意识，还增强了他们的应对能力。同时，培训过程中的互动和讨论，也有助于形成一种积极向上的信息安全文化氛围，让每一个员工都愿意为组织的信息安全贡献力量。

（四）信息安全文化的构建

信息安全文化的构建是普遍参与原则的更高层次体现。一个具有浓厚信息安全文化氛围的组织，其员工将自然而然地遵守安全规范、关注安全动态、积极参与安全管理。这种文化的形成，需要组织领导的重视和支持、安全部门的精心策划和推动，以及全体员工的共同努力和配合。当信息安全成为组织文化的一部分时，它就不仅是一种外在的要求或约束，还是一种内在的自觉和追求。

（五）数字化时代的特殊挑战与机遇

在数字化时代，网络攻击的手段越来越复杂、隐蔽和快速，这对组织的信息安全构成了前所未有的挑战。然而，普遍参与原则也提供了应对这些挑战的机遇。通过全员参与和共同努力，组织可以形成一股强大的合力，及时发现并应对各种安全威胁。同时，数字化技术也为安全培训和意识教育提供了更加便捷和高效的手段，如在线课程、虚拟现实演练等，这些都为普遍参与原则的实施提供了有力支持。

七、防御多样化原则

防御多样化原则（Diversity of Defense Principle）主张在设计和实施安全措施时，采用多种技术和方法，以避免单一防御手段被突破后的风险。其目的在于通过多样化的防御手段，提高系统的整体安全性和抵御攻击的能力。防御多样化原则不仅体现了对安全威胁复杂性的深刻认识，更彰显了应对未知风险时所需的灵活与智慧。

（一）多层次防御体系

防御多样化原则首先强调构建一个多层次的防御体系。这种体系不仅仅是

技术层面的叠加，还是将物理安全、网络安全、系统安全、应用安全以及数据安全等多个层面有机融合。每一层都承担着不同的防护任务，通过相互协作，共同抵御来自各方的安全威胁。例如，物理层面可能涉及门禁系统、监控摄像头等；网络层面则包括防火墙、入侵检测系统等；而应用层面则可能涉及代码审计、漏洞扫描等措施。这种多层次的设计使攻击者难以在单一层面突破防线，从而大大提升了系统的整体安全性。

（二）技术多样性与互补性

在技术应用层面，防御多样化原则鼓励采用多种不同的技术和方法。这些技术不仅应各具特色，还应相互补充，形成合力。例如，在加密技术方面，可以同时采用对称加密和非对称加密两种方式，既保证了加密效率，又增强了密钥管理的安全性。在防火墙技术上，可以结合状态检测防火墙与包过滤防火墙的优势，实现对网络流量的精准控制和有效过滤。此外，引入人工智能、机器学习等先进技术，可以进一步提升防御系统的智能化水平，使其能够自动识别并应对新型攻击。

（三）策略与流程的多样性

除了技术和手段的多样化，防御多样化原则还强调策略与流程的多样性。这包括制定多种应急响应预案、定期进行安全演练、实施安全审计与合规检查等。通过多样化的策略与流程，组织可以确保在面临不同安全事件时能够迅速做出反应，有效控制事态发展。同时，这些策略与流程的不断优化和完善，也能进一步提升组织的安全管理水平，为系统的持续稳定运行提供有力保障。

（四）人员与培训的多样性

人是网络安全防护体系中最为关键的一环。防御多样化原则同样适用于人员配置与培训。组织应建立一支多元化的安全团队，成员来自不同的专业，具备各种技能。这样的团队在面对复杂多变的安全威胁时，能够集思广益，共同制定出更加全面和有效的应对策略。此外，组织还应定期开展多样化的安全培训活动，提升全员的安全意识和技能水平，确保每个人都能成为网络安全防护的坚实防线。

八、简单化原则

简单化原则（Simplicity Principle）强调在设计和实施安全措施时，应尽量保持系统的简洁和易于管理。其目的在于通过减少复杂性，降低系统的潜在漏洞和管理难度，提高系统的可靠性和安全性。

（一）减少复杂性，降低漏洞风险

复杂化是信息系统中潜在威胁的温床。系统架构、代码库或操作流程错综复杂，就意味着更多的接口、更多的依赖关系和更高的出错概率。这些都为攻击者提供了可乘之机。简单化原则倡导在设计和构建系统时，尽量去除不必要的复杂性，减少组件间的耦合度，确保每个部分都尽可能简洁明了。这样做不仅可以减少潜在的漏洞点，还能在发现漏洞时更快地进行修复，因为系统的简化意味着漏洞的影响范围和修复难度都会相应降低。

（二）提升可管理性与可维护性

随着网络技术的飞速发展，信息系统的规模不断扩大，管理难度也会增加。复杂的系统往往需要更多的资源来维护，包括人力资源、时间资源和财务资源。而简单化原则通过减少系统的复杂性和冗余性，使管理员能够更加高效地管理和维护系统。例如，采用标准化的组件和接口可以简化配置和升级流程；模块化的设计则使各个部分可以独立地进行测试和维护，而不会影响整个系统的运行。这样的系统不仅易于管理，而且能够快速响应安全事件，有效遏制安全威胁的扩散。

（三）促进用户安全与合规

用户是信息系统的最终使用者，也是信息安全的第一道防线。然而，复杂的系统往往会让用户感到困惑和不安，导致无法正确执行安全策略或采取适当的安全措施。简单化原则通过简化用户界面和操作流程，降低了用户的学习成本和操作难度，使用户能够更容易地理解和遵循安全规范。这不仅提升了用户的安全意识和操作技能，还促进了组织的合规性建设。因为当用户能够轻松地执行安全策略时，组织就更容易满足相关法规和标准的要求。

（四）强化安全文化

简单化原则不仅仅是一种技术理念，更是一种安全文化的体现。它鼓励组织内部形成一种“简单即安全”的价值观和行为准则。在这种文化氛围中，员工会主动寻求简化工作流程、减少冗余操作、优化系统架构等方法来提升系统的安全性和可靠性。同时，他们也会更加关注安全细节和潜在威胁，积极参与到安全管理和防护工作中来。这种全员参与、共同维护的安全文化将极大地提升组织的整体安全防护水平。

第二章

网络威胁与攻击

第一节　网络威胁的类型

网络威胁是指通过网络环境对信息系统、网络基础设施、数据或服务造成潜在危害的行为。这些威胁种类繁多，主要包括恶意软件、网络钓鱼和拒绝服务攻击。

一、恶意软件

恶意软件（Malware）是一种专门设计用于损害计算机系统、窃取信息或造成其他破坏的软件。恶意软件的种类繁多，常见的有病毒、蠕虫、间谍软件、勒索软件和广告软件等。

（一）病毒

病毒的本质是一种具有自我复制和传播能力的恶意代码。它们如同数字世界的寄生虫，悄无声息地寄生在合法文件或程序中，静待时机成熟，便展开其破坏性的行为。病毒的存在，不仅挑战了信息系统的安全，更对用户的隐私、数据安全乃至整个社会的数字生态构成了严重威胁。

1. 病毒的深层剖析

①病毒的核心能力在于其自我复制与传播。这一过程往往是在用户不知情

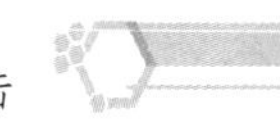

的情况下进行，病毒通过感染合法文件或程序，将恶意代码嵌入其中。一旦执行这些被感染的文件或程序，病毒就会利用系统资源进行自我复制，并通过各种途径（如网络、可移动存储设备等）传播至其他系统或设备。

②病毒的激活是其破坏性行为的开始。根据病毒的类型和设计目的，激活条件各不相同，有的可能是在系统启动时自动激活，有的则是在特定文件或程序被执行时触发。一旦激活，病毒便会执行其预定的破坏行为，包括但不限于删除文件、窃取数据、破坏系统配置、篡改程序逻辑等。这些行为不仅会导致用户数据丢失、系统性能下降，甚至可能引发系统崩溃，给用户带来无法估量的损失。

2. 病毒的多样性与特性

①引导区病毒。这类病毒专门攻击计算机的引导扇区或主引导记录（MBR），这是计算机启动过程中最早被加载的部分之一。引导区病毒在计算机启动时便潜入内存，并伺机感染其他磁盘或分区。其攻击的是系统启动的关键区域，一旦感染，可能导致整个系统无法启动，修复难度极大。尽管其传播速度相对较慢，但影响范围广泛，是计算机病毒中较为危险的一类。

②文件病毒。文件病毒则更加狡猾和直接。它们主要感染可执行文件（如 .exe、.com 等），这些文件是用户日常操作中频繁使用的。当受感染的文件被执行时，病毒便会激活并继续感染其他文件。由于可执行文件在系统中的广泛存在和频繁使用，文件病毒的传播速度极快，危害性也极大。它们可能导致大量文件被破坏或篡改，使用户数据丢失或系统瘫痪。

③宏病毒。宏病毒是近年来随着办公软件（如 Word、Excel 等）的普及而兴起的一种新型病毒。它们主要感染包含宏的文档文件，并利用宏语言编写恶意代码。当用户打开受感染的文档时，宏病毒便会自动执行并尝试感染其他文档。由于宏病毒依赖于用户的文件共享和交换进行传播，所以其传播速度相对较慢。但它们的隐蔽性极强，难以被传统杀毒软件检测和清除。此外，宏病毒还可能利用宏的自动化功能执行复杂的恶意操作，如发送垃圾邮件、窃取用户信息等。

（二）蠕虫

蠕虫是一类极具破坏力的恶意软件，其独特的自我复制与传播机制，使它在网络安全领域成为一个不容忽视的威胁。无须依赖宿主程序即可自主行动的特性，让蠕虫能够悄无声息地渗透进目标系统，引发一系列严重的网络问题。下文将对蠕虫的不同类型进行分析和论述。

1. 电子邮件蠕虫

电子邮件蠕虫是蠕虫家族中的老成员，其传播手段之精妙，令人叹为观止。这类蠕虫擅长伪装，它们将自己藏匿于看似无害的电子邮件附件或链接之中，静待受害者的“垂青”。这些附件或链接往往被设计成极具诱惑力的形式，如“紧急通知”“未读邮件”“重要文件”等，以骗取用户的信任。一旦用户放松警惕，打开了这些伪装成合法文件的附件或链接，蠕虫便会立即激活，迅速占领用户的计算机系统。

更为狡猾的是，电子邮件蠕虫还会将用户的电子邮件账户作为跳板，自动发送更多包含蠕虫的邮件给用户的联系人。这种“一传十,十传百”的扩散方式，使电子邮件蠕虫能够在极短的时间内感染大量计算机，对网络环境造成巨大的破坏。这些感染邮件不仅消耗了大量的网络资源，还可能导致用户信息泄露、数据损坏等严重后果。

2. 即时通信蠕虫

随着即时通信软件的普及，即时通信蠕虫也逐渐崭露头角。这类蠕虫利用即时通信软件的漏洞或功能，悄无声息地在用户之间传播。与电子邮件蠕虫不同，即时通信蠕虫更加依赖于用户的社交关系网。它们通过自动向用户的联系人发送包含蠕虫的消息或文件，来扩大自己的感染范围。

由于即时通信软件通常具有高度的互动性和实时性，所以即时通信蠕虫的传播速度往往更快、更难以防范。当联系人收到来自好友的消息或文件时，很少有人会怀疑其真实性，从而更容易中招。一旦蠕虫成功感染一台计算机，它就会立即开始扫描该计算机上的即时通信软件联系人列表，并尝试向所有联系人发送感染消息。这种连锁反应使即时通信蠕虫能够迅速蔓延至整个社交网络。

3. 网络蠕虫

网络蠕虫是蠕虫家族中最具破坏力的成员之一。它们不需要用户的任何互动即可自动传播，因此也被称为“自动传播型蠕虫”。网络蠕虫通过扫描网络中的其他计算机来寻找潜在的感染目标。它们会利用各种网络协议漏洞和开放端口入侵目标系统，并在其中复制自身以实现传播。

由于网络蠕虫的传播过程完全自动化且无须用户干预，所以其传播速度之快、影响范围之广令人咋舌。一旦网络蠕虫在网络中爆发，它们就会像野火燎原一般迅速蔓延至整个网络。这种大规模的感染不仅会导致网络带宽被严重占用、系统性能急剧下降，还可能引发网络瘫痪等严重后果。更为严重的是，一些网络蠕虫还携带了恶意代码或病毒载荷，能够在感染目标系统后执行各种恶意操作，如窃取用户信息、破坏数据等。

（三）间谍软件

间谍软件是一种用于秘密收集用户信息的恶意软件，它如同一双无形的眼睛，时刻窥视着用户的每一个操作，悄无声息地窃取着宝贵的信息资源。下文将对间谍软件的三大主要类型——键盘记录器、屏幕截图工具以及浏览器劫持器，分别进行分析和论述。

1. 键盘记录器

键盘记录器是间谍软件中最具代表性的存在之一。它的工作原理简单而直接：在用户不知情的情况下，记录下键盘上的每一次敲击，无论是日常的文字输入，还是登录网银、邮箱时输入的账号、密码等敏感信息，都逃不过它的“法眼”。这些被窃取的信息，往往会被攻击者用于实施身份盗用、金融欺诈等不法行为，给用户带来难以估量的损失。

值得注意的是，键盘记录器具备高度的隐蔽性。它们往往以系统服务、后台进程等形式存在，不仅不会出现在任务管理器中，还会通过各种手段避免被杀毒软件检测和清除。因此，对于普通用户而言，要想发现并清除这类间谍软件，是一项艰巨的任务。

2. 屏幕截图工具

如果说键盘记录器是文字的窃听者，那么屏幕截图工具则是视觉信息的掠夺者。这类间谍软件通过定期截取用户的屏幕内容，将用户在电脑上看到的一切信息都转化为图片，并发送给攻击者。无论是工作中的重要文档、与亲朋好友的聊天记录，还是个人隐私照片，都可能在不经意间成为攻击者的囊中之物。

屏幕截图工具的隐蔽性同样不容小觑。它们往往能够巧妙地隐藏自己，避免被用户或安全软件发现。此外，由于截图操作本身并不会对系统造成明显的异常，即使用户察觉到了屏幕闪烁等异常现象，也很难将其与间谍软件联系起来。

3. 浏览器劫持器

浏览器劫持器的危害性同样不容忽视。这类软件通过修改用户的浏览器设置，实现对用户上网行为的控制。它们可以重定向用户访问的网页，将用户引导至钓鱼网站或恶意软件下载页面；也可以在用户浏览网页时插入广告和恶意代码，干扰用户的正常浏览体验。

更为严重的是，浏览器劫持器还可能泄露用户的浏览历史和搜索记录等隐私信息。这些信息对于攻击者而言具有极高的价值，它们可以通过分析用户的浏览习惯、兴趣爱好等信息，为后续的精准诈骗、恶意营销等活动提供有力的支持。

（四）勒索软件

勒索软件是一种通过加密用户文件或锁定系统来勒索赎金的恶意软件。如今正以一种令人不安的速度在全球范围内蔓延。它不仅威胁着个人用户的隐私与安全，更是给企业和组织带来了前所未有的经济损失和运营挑战。我们将围绕勒索软件的两大主要类型——文件加密勒索软件和系统锁定勒索软件，进行深层次的剖析与论述，旨在揭示其运作机制、危害性以及防御策略。

1. 文件加密勒索软件

文件加密勒索软件，顾名思义，其核心在于“加密”与“勒索”。这类软件如同一位狡猾的入侵者，悄无声息地潜入用户的系统之中，利用高强度的加密算

法对用户的文档、图片、视频等关键文件进行加密处理。一旦文件被加密，用户将无法正常访问，屏幕上是醒目的勒索信息，要求用户支付一定的赎金以换取解密密钥。

这种勒索方式之所以令人胆寒，不仅在于其技术的复杂性，更在于其后果的不可预测性。即便用户选择屈服，支付了赎金，也并不能保证能够恢复数据。因为攻击者可能出于多种原因（如逃避法律责任、勒索更多受害者等）而拒绝提供解密密钥，导致用户的数据永久丢失。这种不确定性无疑加剧了用户的恐慌与无助感。

此外，文件加密勒索软件还常常伴随着数据泄露的风险。在加密文件的同时，攻击者可能会窃取用户的敏感信息，如身份证号、银行账户等，用于进一步的犯罪活动。这不仅损害了用户的经济利益，还可能对其个人生活造成深远的影响。

2. 系统锁定勒索软件

相较文件加密勒索软件，系统锁定勒索软件则更为直接和粗暴。它直接锁定用户的计算机或移动设备，阻止用户进行任何形式的操作，同时在屏幕上显示醒目的勒索信息，要求用户支付赎金以解锁设备。这种勒索方式如同给用户的设备戴上了一副枷锁，使其陷入无法使用的困境。

系统锁定勒索软件通常利用系统漏洞或社会工程学手段进行传播。例如，通过发送伪装成合法邮件的钓鱼链接，诱导用户点击并下载恶意软件；或者利用用户缺乏安全知识，通过伪造官方通知、警告等方式骗取用户的信任，从而实施攻击。

被系统锁定勒索软件感染的设备，不仅无法正常工作，还可能面临数据泄露、隐私侵犯等风险。更为严重的是，由于这类软件往往具有高度的隐蔽性和破坏性，用户很难自行解决问题，只能寻求专业的技术支持或支付赎金。然而，支付赎金并不意味着就能彻底解决问题，因为攻击者可能并不遵守承诺，继续敲诈勒索。

（五）广告软件

广告软件是一种在用户未明确许可的情况下，擅自在其计算机系统中植入并展示广告的恶意程序，其不仅侵扰了用户的正常使用体验，还可能在更深层次上对用户的信息安全构成潜在威胁。尽管相较于其他类型的恶意软件如病毒、木马等，广告软件的直接危害性显得“温和”，但其持续的侵扰性和隐蔽的传播方式，使它成为互联网环境中一颗不容忽视的“毒瘤”。

1. 弹窗广告软件

弹窗广告软件，顾名思义，其核心功能在于不断地在用户的计算机屏幕上弹出各式各样的广告窗口。这些广告往往以吸引眼球的标题、鲜艳的色彩和突如其来的方式呈现，严重干扰了用户的正常操作流程。想象一下，当你正全神贯注地编写文档、观看视频或进行在线学习时，一个突如其来的广告窗口突然遮挡了视线，不仅打断了你的思路，还可能误导你点击进入不安全的链接，进一步加剧安全风险。

除了直接影响用户的工作效率和心情，弹窗广告软件还可能对计算机系统的整体性能造成负面影响。频繁的弹窗操作会占用大量的系统资源，导致 CPU 使用率飙升、内存占用增加，引发系统响应变慢、程序运行卡顿等问题。在极端情况下，这些软件还可能通过恶意代码的方式，进一步破坏系统文件、篡改系统设置，甚至为其他更高级的恶意软件提供入侵的“后门”。

2. 浏览器插件广告软件

与弹窗广告软件不同，浏览器插件广告软件则更加隐蔽和难以察觉。它们通常伪装成合法的浏览器扩展或插件，通过用户下载并安装到浏览器中来实现其广告展示的目的。这些插件一旦安装成功，就会悄无声息地修改用户的浏览器设置，包括但不限于首页设置、搜索引擎设置、新标签页设置等，以便更好地控制用户的浏览行为。

在修改设置的同时，浏览器插件广告软件还会在用户的浏览过程中插入各种形式的广告链接或弹窗。这些广告可能以图片、视频、文字链接等多种形式出现，覆盖在网页内容的上方或下方，严重干扰用户的阅读或观看体验。更为严重

的是，这些插件还可能监听用户的浏览历史和搜索关键词，以便更精准地推送广告，进一步侵犯用户的隐私权益。

此外，一些恶意的浏览器插件广告软件还可能与其他恶意软件联动，共同对用户的计算机系统发起攻击。例如，它们可能通过下载并执行恶意代码的方式，在用户不知道的情况下安装更多的恶意软件；或者通过篡改网络请求的方式，将用户访问的正规网站重定向至钓鱼网站或恶意软件下载页面，从而骗取用户的个人信息或财产。

二、网络钓鱼

网络钓鱼（Phishing）是一种通过伪装成合法机构或个人来获取敏感信息的攻击方式，常见的有电子邮件钓鱼、短信钓鱼和网站钓鱼。

（一）电子邮件钓鱼

电子邮件钓鱼是最常见的网络钓鱼方式，其危害性与日俱增，对个人信息及企业安全构成了严重威胁。这类攻击巧妙地利用了人们对权威机构的信任和对紧急信息的敏感度，通过精心设计的骗局，将无辜的受害者一步步引入陷阱。

1. 欺骗性钓鱼邮件

欺骗性钓鱼邮件具有高度的伪装性，它们模仿知名银行、政府机构或大型企业等公信力强的实体，通过邮件主题和内容的精心设计，营造出一种紧迫或诱人的氛围。例如，邮件可能会以“账户异常登录提醒”“紧急安全更新通知”或“专属优惠领取”等为幌子，诱导用户立即采取行动。受害者一旦放松警惕，点击了邮件中的链接或下载了附件，就可能触发一系列恶意行为，包括但不限于身份信息的窃取、银行账户的盗用，甚至是对个人电脑的远程控制。

2. 欺骗性附件

欺骗性附件则是钓鱼邮件中另一个令人防不胜防的利器。这些附件往往被伪装成看似无害的文档或图片，如常见的 PDF 文件、Word 文档、Excel 表格等，它们表面上可能包含重要的会议记录、合同范本或优惠券信息，实则暗藏玄机。当受害者毫无戒备地打开这些附件时，隐藏的恶意代码便会悄然激活，执行诸如信息窃取、数据篡改、恶意软件安装等不法行为。更为可怕的是，这些恶意代码还可能具备自我传播的能力，通过受害者的邮箱通讯录进一步扩散，形成更大规模的攻击网络。

值得注意的是，电子邮件钓鱼的威胁并不局限于个人用户。对于企业而言，一旦关键员工的邮箱被攻破，整个企业的信息安全体系都可能面临崩溃的风险。因此，提高全体员工的网络安全意识，加强邮件过滤和防病毒软件的部署，以及定期进行安全演练和风险评估，都是防范电子邮件钓鱼攻击不可或缺的措施。

（二）短信钓鱼

短信钓鱼（Smishing）是通过发送伪装成合法机构的短信，引诱受害者访问恶意网站或下载恶意软件，从而窃取其个人信息或财务数据。短信钓鱼的种类包括欺骗性短信链接和伪装成合法短信两种。

1. 欺骗性短信链接

欺骗性短信链接是短信钓鱼中最常见且危害极大的手法之一。这类短信往往伪装成来自知名电商、银行、政府机构或社交媒体的官方通知，内容通常包含诸如“您的账户存在异常，请立即点击链接验证”“恭喜您中奖，点击链接领取奖品”等极具诱惑力的信息。攻击者精心设计这些短信，利用人们的好奇心、恐慌心理或贪婪心理，诱导受害者点击其中的恶意链接。

一旦受害者点击了这些链接，就可能会被重定向到一个看似正规实则充满危险的网站。这些网站可能包含恶意软件下载链接、伪造的登录页面或钓鱼表单，要求受害者输入个人信息、银行账户密码、验证码等敏感数据。一旦这些数据落入攻击者手中，受害者将面临严重的财产损失和个人隐私泄露的风险。

为了增强欺骗性，攻击者还会采用技术手段，如SSL证书伪造、域名伪装等，使恶意网站看起来更加可信。因此，仅凭网址的外观或链接前的安全锁图标，已无法准确判断网站的安全性。

2. 伪装成合法短信

与欺骗性短信链接不同，伪装成合法短信的短信钓鱼手法更加狡猾和难以察觉。攻击者会精心构造短信内容，使其看起来完全像受害者所熟知的银行、快递公司或其他正规机构的官方通知。这些短信可能包含账户余额变动提醒、包裹送达通知、账户安全验证等真实存在的服务信息，从而大大降低受害者的警惕性。

在这类短信中，攻击者通常会要求受害者提供账户信息、密码、验证码等敏感数据，或者点击链接进行所谓的"账户验证"或"支付确认"。然而，这些链接和请求背后往往隐藏着不可告人的目的。一旦受害者按照要求提供了信息或点击了链接，他们的个人信息和财务数据就可能被不法分子窃取。

值得注意的是，这类短信看起来如此真实，许多受害者往往未经核实就相信了它们。因此，提高公众的网络安全意识，引导他们识别和防范伪装成合法短信的短信钓鱼攻击，显得尤为重要。

（三）网站钓鱼

网站钓鱼（Pharming）是攻击者通过创建与合法网站非常相似的钓鱼网站，引诱受害者输入其账号和密码等敏感信息。网站钓鱼巧妙利用人类对于信任与便捷的依赖，通过构建几乎难辨真伪的钓鱼网站，悄无声息地诱骗用户交出宝贵的个人信息。这一过程，不仅考验着用户的警惕性，也揭露了网络安全防护的复杂性与重要性。在深入剖析网站钓鱼的本质时，不得不提及两种主要手法：域名劫持与伪装网站。

1. 域名劫持

攻击者利用技术手段，悄无声息地将原本指向正规网站的域名解析路径篡改，使受害者在毫不知情下被导向精心设计的钓鱼网站。这种攻击之所以难以防范，是因为它发生在用户与正规网站之间通信的底层环节，受害者往往无法直接从页面外观上察觉异常，直到敏感信息被窃取后才恍然大悟。

2. 伪装网站

伪装网站是攻击者更为直观且狡猾的骗局。他们精心模仿知名网站的界面布局、色彩搭配乃至交互逻辑，力求在每一个细节上都与原版网站保持一致，以混淆视听。这类钓鱼网站常常通过精心策划的推广策略，如嵌入搜索引擎的虚假广告、利用社交媒体平台的高流量进行传播，或是伪装成官方通知、优惠活动等诱饵，吸引用户点击访问。一旦用户放松警惕，在伪装网站上输入了自己的账号、密码或其他敏感信息，这些信息便会在第一时间被攻击者捕获，引发一系列不可预知的后果，包括但不限于身份盗窃、财产损失乃至法律纠纷。

三、拒绝服务攻击

拒绝服务攻击（Denial of Service，DoS）是一种通过大量占用目标系统资源或网络带宽，导致其无法正常提供服务的攻击方式。常见的有 DoS 攻击和分布式拒绝服务攻击（DDoS）。

（一）DoS 攻击

1. 洪水攻击

洪水攻击的特点在于攻击者会利用大量看似合法的请求对目标系统发起猛烈的攻击。这些请求可能是完全无效的，或者是被设计来消耗大量资源的。在洪水攻击中，UDP 洪水攻击和 ICMP 洪水攻击尤为常见。

UDP（用户数据报协议）是一种无连接的协议，它不提供数据包的确认、重传等机制。因此，攻击者可以轻易地伪造大量的 UDP 数据包并发送给目标系统，导致目标系统忙于处理这些无效的数据包，从而无法及时响应合法的请求。这种攻击方式能够有效地消耗目标系统的 CPU 资源和网络带宽。

ICMP（互联网控制消息协议）主要用于发送控制消息，如网络不可达、主机不可达等。然而，攻击者可以利用 ICMP 协议的特性，发送大量的 ICMP 请求或回显请求给目标系统。这些请求可能会使目标系统的 CPU 资源陷入处理这些无效请求的循环中，无法正常为合法用户提供服务。

2. 资源耗尽攻击

与洪水攻击不同，资源耗尽攻击侧重于通过发送特定类型的请求来消耗目标系统的关键资源。这些资源可能包括内存、文件描述符、数据库连接等。一旦这些资源被耗尽，目标系统将无法提供正常的服务。常见的资源耗尽攻击有 SYN 洪水攻击、HTTP 洪水攻击等。

在 TCP（传输控制协议）的三次握手过程中，客户端会发送一个 SYN 请求给服务器以建立连接。SYN 洪水攻击正是利用了这一点，攻击者会伪造大量的 SYN 请求发送给目标系统，但并不会完成后续的握手过程。这样，目标系统的 TCP 连接队列很快就会被填满，导致无法正常处理合法的连接请求。

HTTP（超文本传输协议）是互联网上应用最广泛的协议之一。HTTP 洪水攻击中，攻击者会向目标系统发送大量的 HTTP 请求，这些请求可能是合法的 GET 或 POST 请求，也可能是经过精心设计的恶意请求。无论哪种情况，大量的 HTTP 请求都会消耗目标系统的 CPU 资源、内存资源和网络带宽，从而影响其正常服务。

（二）DDoS 攻击

DDoS 攻击的全称为分布式拒绝服务攻击，它利用的是网络协议本身的一些缺陷，通过控制大量的受感染计算机（通常被称为僵尸网络或僵尸军团），以集中火力向目标系统发起攻击。这种攻击方式的核心在于“分布式”和“拒绝服务”，即利用分散的源头向目标发起看似合法的请求，实际上却是为了耗尽目标系统的资源，使其无法正常为合法用户提供服务。在 DDoS 攻击的众多种类中，反射攻击和分布式洪水攻击是两种常见的类型。

1. 反射攻击

反射攻击是攻击者利用网络协议中的某些特性，将原本应该由攻击者自己发送的请求伪装成来自受害者的请求，发送给大量的第三方服务器。这些服务器在接收到请求后，会按照协议规定向受害者发送响应数据。由于攻击者可以伪造大量的请求，所以可以诱导第三方服务器向受害者发送海量的响应数据，从而迅速消耗受害者的带宽和计算资源。DNS 放大攻击和 NTP 放大攻击就是反射攻击中的典型。DNS 放大攻击利用了 DNS 查询和响应的不对称性，攻击者发送小量的伪造 DNS 查询请求，就可以诱导 DNS 服务器返回大量的响应数据给受害者；而 NTP 放大攻击则是利用了 NTP（网络时间协议）服务器的响应包通常比请求包大得多的特点，实现了类似的攻击效果。

2. 分布式洪水攻击

分布式洪水攻击不需要利用网络协议的缺陷或漏洞，而是依赖于僵尸网络的规模。攻击者通过控制大量的僵尸网络，可以同时向目标系统发送大量的无效请求。这些请求可能并不复杂，甚至可能是完全随机的数据包，但它们的数量之大足以让目标系统的带宽和计算资源迅速耗尽。由于分布式洪水攻击不依赖于特定的协议或漏洞，因此它的防御难度相对较大。这类攻击通常被用于针对大型企业或机构，因为这些目标通常拥有较高的网络带宽和计算资源，一般的攻击方式很难对其造成有效的威胁。

第二节　网络攻击的手段

网络攻击手段多种多样，攻击者利用社会工程学、漏洞利用和木马程序等手段实施攻击，造成信息泄露、系统破坏等严重后果。深入了解这些攻击手段，有助于制定有效的防御策略，保障信息系统的安全。

一、社会工程学

社会工程学（Social Engineering）是一种通过心理操控、欺骗等手段获取敏感信息或实施攻击的方法。攻击者利用人性的弱点，如信任、恐惧、好奇心等，引诱受害者泄露信息或执行特定操作。除了前文提到的钓鱼攻击，还有以下几种手段。

（一）冒充攻击

冒充攻击（Impersonation Attack）是指攻击者伪装成受害者的同事、朋友或上级，通过电话、邮件等方式获取敏感信息或实施进一步攻击。其本质在于利用人性中的信任与顺从心理，通过精心设计的伪装手段，诱导受害者泄露关键信息或执行不利于自身的操作。这种攻击不仅考验着受害者的辨别能力，也对企业的信息安全防护体系提出了严峻挑战。冒充攻击的种类主要包括高级持续威胁（APT）和 CEO 欺诈两种。

1. 高级持续威胁

高级持续威胁作为一种高度专业的攻击手段而引人注目。高级持续威胁攻击者往往具备深厚的情报收集与分析能力，他们像耐心的猎人一样，长期潜伏于目标组织的网络环境中，通过渗透测试、社交工程等手段，逐步构建起对目标的全面认知。随后，攻击者会利用这些信息，精心策划一场看似无害实则致命的攻击，伪装成内部员工、合作伙伴甚至是政府机构的代表，以获取高度敏感的数据或执行破坏性的操作。高级持续威胁攻击的隐蔽性和持久性，使其在被发现和应对时往往已造成不可挽回的损失。

2. CEO 欺诈

攻击者通过伪造高管邮箱、电话号码等联系方式，以紧急且权威的语气向财务部门或掌握关键信息的员工发送指令，要求立即执行转账、更改账户权限或提供敏感数据等操作。由于受害者往往对高管的指令抱有高度的信任并习惯性遵从，加之紧急情况的压迫感，这类攻击的成功率极高，给企业和个人带来的经济损失和声誉损害也是难以估量的。

（二）尾随攻击

尾随攻击（Tailgating）是指攻击者通过尾随合法用户进入受保护区域，获取物理访问权限，从而实施进一步的网络攻击。这种攻击手段不仅考验防御系统的严谨性，更受用户人性特点的影响。尾随攻击的种类包括物理尾随和伪装身份两种。

1. 物理尾随

物理尾随是指攻击者利用合法用户进入门禁区域的瞬间，紧随其后，仿佛与其同行，从而规避了门禁系统的直接检查。这种攻击方式之所以难以防范，很大程度上源于人类社会的交往习惯——礼貌与信任。在快节奏的现代生活中，人们往往习惯于为同行者开门、让路，这种无意识的行为却为尾随者提供了可乘之机。

更为复杂的是，物理尾随攻击还常常伴随着对目标区域日常运作的细致观察。攻击者可能会事先了解门禁系统的使用规律、员工的进出时间以及可能的监控盲区，从而制定出更为精准的尾随策略。一旦成功进入受保护区域，攻击者便能获得对计算机设备、服务器机房乃至整个网络基础设施的直接访问权限，为后续的网络攻击铺平道路。

2. 伪装身份

与物理尾随相比，伪装身份则是一种更为高级也更为复杂的尾随攻击方式。它要求攻击者不仅具备高超的伪装技巧，还要灵活运用社会工程学原理，通过言语、举止乃至服饰等细节来欺骗目标区域的安保人员或员工。

伪装身份的攻击者可能会事先收集目标区域的信息，包括员工的穿着风格、常用的交流用语以及门禁系统的验证流程等。然后，他们会精心策划一场“角色扮演”，无论是冒充新员工、维修人员还是高级管理人员，都力求做到天衣无缝。在此过程中，攻击者需要时刻保持冷静、机智，以应对可能出现的各种突发情况。

尤为值得注意的是，伪装身份的攻击往往伴随着对目标心理的精准把握。攻击者会利用人们的同情心、好奇心或是对权威的敬畏心理，巧妙地引导目标放松警惕，从而达成非法进入的目的。这种攻击方式不仅考验着攻击者的演技和智谋，更揭示了人类心理防线在特定情境下的脆弱性。

二、漏洞利用

漏洞利用（Vulnerability Exploitation）是攻击者通过发现和利用系统、软件

或网络中的安全漏洞实施攻击的手段。漏洞利用可以分为以下几种类型。

（一）零日漏洞

零日漏洞（Zero-Day Vulnerability）是信息安全领域的一个严峻挑战，其特殊性和潜在威胁不容忽视。这类漏洞之所以得名“零日”，是因为它们在被攻击者发现并实际利用之前，厂商并未公开其存在，更未发布相应的安全补丁或修复方案。这种信息的不对称性使得零日漏洞成为黑客手中极具杀伤力的武器，能够迅速穿透防护体系，对目标系统造成严重的损害。零日漏洞主要包括操作系统漏洞和应用程序漏洞两种。

1. 操作系统漏洞

操作系统作为计算机系统的基石，其安全性直接关系到整个系统的稳定运行和数据的安全。操作系统漏洞往往涉及底层架构、内存管理、权限控制等多个核心环节。攻击者通过精心构造的恶意代码，可以绕过操作系统的安全机制，直接获取系统级权限。这种权限的提升使得攻击者能够执行任意代码、安装后门程序、窃取敏感信息等，对系统的完整性和数据的机密性构成严重威胁。

由于操作系统的广泛使用，一旦发现零日漏洞，其影响范围将极为广泛。从个人电脑到服务器集群，从智能手机到智能家居设备，都可能成为潜在的攻击目标。因此，操作系统漏洞的修复和防护工作显得尤为重要。

2. 应用程序漏洞

应用程序漏洞则是另一类常见的零日漏洞。随着软件技术的快速发展，各种应用程序如雨后春笋般涌现，但安全问题也日益突出。应用程序漏洞可能存在于代码逻辑、数据处理、用户验证等多个方面。攻击者利用这些漏洞，可以窃取用户数据、篡改应用功能、甚至控制用户设备。

Web应用程序漏洞是其中最具代表性的一类。由于Web应用的开放性和交互性，其面临的攻击面相对较广。SQL注入、跨站脚本（XSS）、跨站请求伪造（CSRF）等是常见的Web应用漏洞类型。这些漏洞一旦被利用，攻击者就可以获取数据库敏感信息、在用户浏览器中执行恶意脚本、冒用用户身份进行非法操作等。

数据库漏洞则是另一类需要高度关注的应用程序漏洞。数据库作为数据存储和管理的核心组件，其安全性直接关系到数据的完整性和保密性。SQL 注入等漏洞可能使攻击者直接访问数据库服务器，窃取或篡改数据，造成不可估量的损失。

（二）缓冲区溢出

缓冲区溢出（Buffer Overflow）是指攻击者通过向程序输入超出其处理能力的数据，使程序崩溃或执行恶意代码。这种攻击方式常用于远程代码执行和权限提升。缓冲区溢出主要包括栈溢出和堆溢出两种。

1. 栈溢出

栈溢出在缓冲区溢出中最为常见且危害性较大。在程序执行过程中，栈用于存储局部变量、函数参数以及返回地址等关键信息。当攻击者精心构造大量数据输入栈缓冲区时，如果程序没有进行适当的边界检查或保护机制，这些数据就会覆盖栈上的原有内容，包括函数的返回地址。一旦返回地址被恶意覆盖，当函数执行完毕尝试返回时，就会跳转到攻击者指定的内存地址，从而执行恶意代码。

栈溢出的攻击手段多样，包括但不限于利用格式化字符串漏洞、函数指针覆盖等。这些手段使攻击者能够绕过正常的安全机制，直接对系统进行控制。此外，栈溢出还具有隐蔽性强的特点，因为攻击者可以在不被注意的情况下，通过精心构造的输入数据实现攻击目标。

2. 堆溢出

与栈溢出相比，堆溢出的利用难度较高，但其隐蔽性和潜在危害性不容忽视。堆是程序中用于动态分配内存的区域，与栈的自动管理不同，堆上的内存分配和释放需要程序员手动管理。这种管理方式为堆溢出提供了可能。

当攻击者向堆缓冲区输入过多数据时，如果程序未能正确处理内存分配和释放的逻辑，就可能导致堆指针被覆盖或内存被错误地释放和重用。这些错误为

攻击者提供了执行恶意代码的机会。例如，攻击者可以通过覆盖堆指针，使下一次内存分配时程序将恶意代码写入某个关键位置；或者通过精心构造的内存释放和重用序列，触发使用已释放内存的漏洞（如“double free”漏洞），从而执行恶意代码。

堆溢出的隐蔽性在于其复杂的内存管理机制和难以预测的内存分配与释放行为。这使检测和防范堆溢出变得更加困难。因此，程序员在编写涉及堆内存操作的程序时，需要格外注意内存管理的安全性和正确性，避免为攻击者留下可乘之机。

（三）SQL 注入

SQL 注入（SQL Injection）作为网络安全领域的一种常见攻击手段，其危害性和普遍性不容忽视。它利用 Web 应用程序在处理用户输入时的漏洞，允许攻击者将恶意的 SQL 代码插入原本正常的 SQL 语句中，从而实现对数据库的非法访问和操作。SQL 注入攻击主要包括盲注入和错误注入两种。

1. 盲注入

盲注入是指攻击者在执行 SQL 注入攻击时，无法直接观察到注入结果或数据库的即时反馈。这使得攻击者需要通过精心的推测，来逐步揭示数据库的结构和数据。盲注入的难度在于其隐蔽性和不确定性，但这也使它成为一种成功率较高的攻击方式。

在盲注入攻击中，攻击者通常会采用布尔盲注和时间盲注两种策略。布尔盲注通过构造特定的 SQL 语句，使数据库根据条件返回真或假的结果，攻击者通过观察这些结果的变化，来推测数据库中的信息。而时间盲注则将数据库查询的时间延迟作为反馈，通过精确控制查询时间来获取数据库信息。

2. 错误注入

与盲注入相比，错误注入的攻击方式显得更为直接和粗暴。它通过在 SQL 查询中插入恶意代码，故意触发数据库的错误信息返回机制，从而暴露数据库的结构和数据。这种攻击方式相对简单，但其危害性却不容小觑。

错误注入攻击的成功往往依赖于数据库配置的不当和Web应用程序的错误处理机制。如果数据库被配置为返回详细的错误信息给客户端，那么攻击者就可以利用这些信息来绕过身份验证、猜测数据库结构或提取敏感数据。

（四）跨站脚本攻击

跨站脚本攻击（Cross-Site Scripting，简称XSS）是一种在Web应用程序中广泛存在的安全漏洞，它允许攻击者将恶意脚本代码注入用户正在浏览的网页中。这种攻击方式极具隐蔽性和危害性，因为它直接作用于用户的浏览器，利用浏览器对脚本的信任来执行恶意代码。XSS攻击主要包括反射型XSS和存储型XSS两种。

1. 反射型XSS

反射型XSS是XSS攻击中最常见的类型。在这种攻击中，攻击者会构造一个包含恶意脚本的URL，并通过各种手段（如电子邮件、即时消息等）诱导受害者点击。当受害者点击链接并访问网站时，网站服务器会将URL中的恶意脚本作为请求的一部分进行处理，并将其反射回受害者的浏览器。由于浏览器默认信任来自当前访问网站的脚本，所以恶意脚本会在受害者的浏览器中执行。

反射型XSS的攻击流程相对简单，但其隐蔽性和危害性却不容小觑。由于恶意脚本是动态插入的，很难通过静态代码分析来发现。此外，由于攻击者可以随意构造恶意脚本的内容，其攻击手段也多种多样。例如，攻击者可以利用恶意脚本窃取用户的Cookie信息，进而模拟用户身份进行非法操作；或者利用恶意脚本修改网页内容，展示虚假信息或诱导用户进行敏感操作。

2. 存储型XSS

与反射型XSS不同，存储型XSS的攻击方式更加隐蔽和持久。在这种攻击中，攻击者会先将恶意脚本存储到服务器上（如数据库、文件系统等），然后等待其他用户访问包含恶意脚本的页面。当其他用户访问这些页面时，恶意脚本会在其浏览器中执行。由于恶意脚本已经存储在服务器上，所以攻击者无须每次攻击都构造新的URL或发送新的消息。

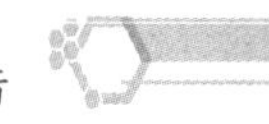

存储型 XSS 的危害性比反射型 XSS 更大。由于恶意脚本存储在服务器上，所以它可以被多次触发和执行，影响更多的用户。此外，由于攻击者可以事先准备好恶意脚本并等待合适的时机进行攻击（如网站流量高峰期），所以其攻击效果也更为显著。

三、木马程序

木马程序（Trojan Horse）是一种伪装成合法软件的恶意程序，攻击者通过诱导受害者安装和运行木马程序，获得对受害者系统的控制权。木马程序通常用于窃取信息、远程控制和破坏系统。木马程序包括远程访问木马、下载器木马、间谍木马等。

（一）远程访问木马

远程访问木马（Remote Access Trojan，简称 RAT）本质上是一种后门程序，它在未经用户允许的情况下，秘密安装在受害者的计算机系统中。一旦安装成功，攻击者就能通过预设的通信渠道（如互联网连接）与受害者的计算机建立连接，实现远程操控。这种操控能力覆盖了从基本的文件访问、程序执行，到高级的屏幕监视、摄像头控制、键盘记录等多个层面，几乎让受害者的计算机完全暴露在攻击者的视线之下。这种程序不仅赋予了攻击者跨越网络边界的能力，让他们能够亲临现场一般操控受害者的计算机，还极大地拓宽了攻击者获取敏感信息的途径。远程访问木马主要包括完全控制型 RAT 和专用功能型 RAT 两种。

1. 完全控制型 RAT

完全控制型 RAT 是远程访问木马中最具威胁性的一类。它赋予攻击者几乎无限制的控制权，使他们能够在不受任何阻碍的情况下，自由穿梭于受害者的计算机系统中。具体来说，这种类型的 RAT 能够：

①访问文件系统。攻击者可以轻松浏览、复制、删除或修改受害者计算机上的任何文件，包括那些存储着个人隐私、商业机密或敏感数据的文件。

②执行程序。他们不仅能够运行受害者计算机上已有的程序，还能下载并执

行新的恶意软件，从而进一步扩大攻击范围或加深攻击深度。

③截取屏幕和摄像头。通过远程操控，攻击者可以实时查看受害者的屏幕内容，甚至控制摄像头进行偷拍，从而获取更多的视觉信息。

④记录键盘输入。这一功能使攻击者能够捕获受害者输入的所有信息，包括密码、账号、敏感对话等，为后续的盗窃或欺诈行为提供便利。

2. 专用功能型 RAT

与完全控制型 RAT 相比，专用功能型 RAT 在功能上更为专一和精准。它们通常被设计为针对特定目标或任务，因此在隐蔽性和针对性上往往更胜一筹。这种类型的 RAT 可能具备以下特点。

①特定文件窃取。攻击者可能只对受害者计算机上的某些特定文件感兴趣，如财务报表、客户数据或研发资料等。专用功能型 RAT 能够精准地定位并窃取这些文件，而不引起其他不必要的注意。

②特定应用程序监控。在某些情况下，攻击者可能只需要监控受害者在使用特定应用程序（如电子邮件客户端、即时通信工具或网上银行系统等）时的行为。专用功能型 RAT 能够只针对这些应用程序进行监控，从而提高信息收集的效率和准确性。

③高度隐蔽性。为了逃避安全软件的检测和用户的察觉，专用功能型 RAT 通常采用多种技术手段进行伪装和隐藏。它们可能会修改系统文件、利用系统漏洞或与其他恶意软件协同工作，以确保自己的长期存在和稳定运行。

（二）下载器木马

下载器木马（Downloader Trojan）是一种高度专业化的恶意软件，其主要功能在于将其他类型的恶意软件下载并安装到受害者的计算机系统中。这种“寄生”式的传播方式，使下载器木马成为恶意软件生态链中的重要一环。攻击者将下载器木马作为跳板，能够灵活、高效地将各种恶意软件部署到目标系统中，从而实施更为复杂和广泛的攻击活动。下载器木马主要包括简单下载器和复杂下载器两种。

1. 简单下载器

简单下载器的功能相对单一且直接。这类木马程序的主要任务就是接收并执行来自攻击者的指令，下载并安装指定的恶意软件。由于其代码简洁、体积小巧，简单下载器往往具有较高的隐蔽性，能够轻易绕过一些基础的安全防护措施。攻击者可以利用简单下载器在短时间内向受害者计算机中注入大量恶意软件，形成多重攻击的态势，极大地增加了受害者应对和清除恶意软件的难度。

2. 复杂下载器

复杂下载器相比简单下载器更为狡猾和强大。除了具备简单下载器的基本功能，复杂下载器还融入了多种高级技术，如自我更新、检测和躲避安全软件等。这使复杂下载器能够在受害者计算机中长期潜伏，持续不断地接收并执行攻击者的指令。此外，复杂下载器还具有较强的适应性和学习能力，能够根据环境的变化自动调整自身的行为模式，以躲避安全软件的检测和拦截。因此，攻击者可以利用复杂下载器对受害者计算机进行长期、深入的控制，实施更为隐蔽和持久的攻击活动。

值得注意的是，无论是简单下载器还是复杂下载器，它们都是攻击者实施网络攻击的重要工具。这些木马程序的存在和泛滥，不仅严重威胁着广大网民的网络安全和隐私保护，还对整个社会的网络安全环境构成了极大的挑战。

（三）间谍木马

间谍木马（Spyware Trojan）作为网络安全领域的一大威胁，其危害性与日俱增，对用户的个人隐私和财务安全构成了严重威胁。这类木马程序以其隐蔽性强、功能多样而著称，它们悄无声息地在受害者的计算机系统中潜伏，如同无形的窥探者，不断窃取并传输着敏感信息。间谍木马主要包括信息窃取型间谍木马与监控型间谍木马两种。

1. 信息窃取型间谍木马

信息窃取型间谍木马的主要目的是窃取受害者的各类敏感信息。这类木马程序通过精心设计的策略，能够深入用户系统的核心，挖掘出那些对用户至关重要，同时也对攻击者极具价值的数据。具体而言，它们可以捕获的敏感信息包括但不限于以下几个方面：

①账号密码。这是信息窃取型间谍木马最为常见的目标之一。通过监听用户的登录行为或利用键盘记录技术，攻击者可以轻易地获取用户在各种网站、应用上的登录凭证，进而实施身份盗用或账户接管。

②信用卡信息。随着网络购物的普及，信用卡信息成为攻击者眼中的“香饽饽”。信息窃取型间谍木马能够监视用户在购物网站、支付平台等场景下的输入行为，捕获信用卡号、有效期、CVV 码等关键信息，为后续的金融欺诈行为提供便利。

③电子邮件内容。电子邮件不仅是人们日常沟通的重要工具，也是许多商业交易、机密传输的载体。信息窃取型间谍木马能够截获并读取用户的电子邮件内容，从中挖掘有价值的商业情报、个人隐私等信息。

为了实现这些目的，信息窃取型间谍木马通常采用多种技术手段进行伪装和隐蔽。它们可能伪装成合法的软件更新、插件或工具，诱骗用户下载并安装；也可能利用系统漏洞或安全软件的漏洞无声无息地入侵。一旦成功入侵，它们便会迅速启动，将窃取到的信息加密并传输给攻击者控制的远程服务器。

2. 监控型间谍木马

监控型间谍木马则是一类更为“全能”的恶意软件。它们不仅关注用户的敏感信息，还致力于监控用户的计算机活动，以获取更为全面和深入的隐私数据。具体而言，监控型间谍木马能够执行以下几种监控行为：

①键盘记录。通过记录用户的键盘输入，监控型间谍木马可以捕获用户在各种场景下的输入内容，包括密码、聊天记录、文档内容等。

②屏幕截取。定期或实时地截取用户的屏幕内容，以获取用户在计算机上的所有视觉信息。这种技术对于攻击者来说极为有用，因为它能够直观地展示用户的操作行为和所关注的内容。

③摄像头与麦克风监控。一些高级的监控型间谍木马还具备摄像头和麦克风监控功能。它们可以远程开启用户的摄像头和麦克风，收集用户的视频和音频信息，实现对用户日常生活的全方位监控。

与信息窃取型间谍木马相比，监控型间谍木马更加注重对受害者隐私的侵犯和行为的监控。它们通常被用于收集受害者的行为模式、兴趣爱好、人际关系等隐私信息，以便攻击者更深入地分析和利用。例如，攻击者可以利用这些信息来定制更加精准的钓鱼攻击或勒索软件攻击；也可以将受害者的隐私信息作为勒索的筹码，要求受害者支付赎金以换取隐私的保密。

第三节　网络攻击的影响

网络攻击对个人、企业和国家造成的影响是多方面的，涉及服务中断和经济损失等。每种影响都可能导致严重的后果，理解这些影响有助于制定有效的防御策略和应急响应措施。

一、服务中断

服务中断是指网络攻击导致的信息系统或服务无法正常运行。服务中断的后果包括业务停滞、用户体验受损和经济损失等。

（一）业务停滞

网络攻击可能导致企业的核心业务系统无法正常运行，影响业务流程和生产效率。例如，银行系统遭受 DDoS 攻击后，可能导致在线银行服务中断，影响客户的正常使用和业务办理。业务停滞不仅影响企业的日常运作，还可能导致客户流失和市场份额的减少。

业务停滞的具体影响如下。

1. 生产和运营

制造业、物流业和零售业等依赖信息系统进行生产和运营的企业，一旦遭受网络攻击，可能导致生产线停工、物流中断和销售受阻，影响企业的整体运营效率。制造业的生产线通常高度自动化和数字化，任何网络攻击造成的停机都可能导致产能下降和产品交付延迟。物流行业的运输和仓储系统中断，可能导致货物积压和配送延误，影响供应链的正常运行。零售业的销售和库存管理系统受损，可能导致库存不准确、订单处理延迟和客户不满。

2. 客户服务

金融业、医疗业和电信业等依赖信息系统提供客户服务的企业，一旦遭受网络攻击，可能导致客户服务中断，影响客户体验和满意度。金融业的在线银行、支付系统和客户账户管理中断，可能导致客户无法进行交易、查询和账户管理，影响客户的日常生活和财务管理。医疗行业的电子病历系统、预约系统和医疗设备受损，可能导致医疗服务中断，影响患者的诊断和治疗。电信行业的通信服务中断，可能导致电话、短信和互联网服务无法正常使用，影响用户的通信和上网需求。

3. 供应链管理

企业的供应链管理系统遭受网络攻击，可能导致供应链中断，影响原材料供应和产品交付。供应链的中断不仅影响企业自身的生产和销售，还可能影响整个行业和市场的稳定。例如，汽车制造商依赖复杂的全球供应链，一旦某个环节出现问题，可能导致整车生产线停产，影响整个汽车行业的生产和销售。电子产品制造商依赖全球供应链采购原材料和零部件，一旦供应链中断，可能导致产品生产延迟和市场供应不足，影响销售和市场份额。

（二）用户体验受损

服务中断不仅影响企业的业务运作，还会对用户体验造成负面影响。用户无法正常访问和使用服务，可能导致客户流失和品牌声誉受损。

用户体验受损的具体影响如下。

1. 访问和使用

用户无法访问和使用在线服务，如电子商务平台、社交媒体、在线银行等，可能导致用户的购物、交流和交易等活动受阻，影响用户的日常生活和工作。电

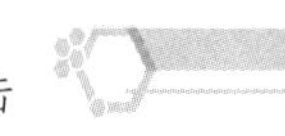

子商务平台一旦中断，用户无法浏览商品、下单和支付，导致购物体验受损。社交媒体一旦中断，用户无法发布、评论和分享内容，影响交流和互动。在线银行中断，用户将无法进行转账、支付和查询，财务管理和交易活动受到影响。

2. 信任和满意度

服务中断事件频发可能导致用户对企业的信息安全和服务稳定性失去信任，降低用户的满意度和忠诚度。用户的不满和投诉可能进一步扩散，影响企业的品牌声誉和市场形象。特别是金融、医疗和电信等高度依赖信息系统的行业，服务中断可能导致客户对企业失去信心，转向竞争对手，影响客户忠诚度和市场份额。

3. 转移和流失

用户在遭遇服务中断后，可能选择竞争对手的平台，导致企业客户流失和市场份额减少。用户的流失不仅影响企业的收入，还可能增加市场竞争的难度。例如，电子商务平台的用户在遭遇服务中断后，可能转向其他平台购物，导致销售额下降和市场份额减少。金融服务的用户在遭遇服务中断后，可能转向其他银行或支付服务提供商，导致客户流失和市场份额减少。电信服务的用户在遭遇服务中断后，可能转向其他通信服务提供商，导致客户流失和市场份额减少。

（三）经济损失

服务中断直接导致企业的经济损失，包括收入减少、罚款和赔偿等。此外，企业还需要投入大量资源进行系统恢复和安全加固，进一步增加了成本。

经济损失的具体影响如下。

1. 收入减少

企业的在线服务中断可能导致销售收入减少、广告收入下降和交易费用损失。特别是在电子商务、在线广告和金融交易等高度依赖在线服务的行业，服务中断可能导致巨额经济损失。电子商务平台的销售收入减少，可能影响整体盈利能力和市场竞争力。在线广告平台的广告收入下降，可能影响广告主的信任和投放意愿。金融交易平台的交易费用减少，可能影响整体收入和盈利能力。

2. 罚款和赔偿

企业在服务中断事件中可能面临客户诉讼、监管罚款和合同违约赔偿等法律风险。这些法律责任不仅增加了企业的经济负担，还可能影响企业的财务状况和经营能力。客户诉讼可能导致企业支付巨额赔偿和法律费用，进一步增加经济负担。监管罚款可能导致企业支付巨额罚款和合规费用，影响财务状况和经营能力。合同违约赔偿可能导致企业支付违约赔偿金和合同终止费用，影响经济利益和业务发展。

3. 恢复和加固

企业在服务中断事件后需要投入大量资源进行系统恢复和安全加固，包括购买新设备、升级软件、培训员工等。这些额外的投入增加了企业的运营成本，影响企业的盈利能力。系统恢复费用包括硬件设备、软件许可、数据恢复和系统重建等，增加了经济负担。安全加固费用包括安全设备、软件升级、员工培训和安全监控等，进一步增加了运营成本。恢复和加固过程中可能需要暂停部分业务，影响收入和盈利能力。

二、经济损失

网络攻击对企业和个人造成的经济损失主要有直接经济损失和间接经济损失以及长期经济影响。

（一）直接经济损失

直接经济损失是指因网络攻击直接导致的财务损失，包括被窃取的资金、支付的赎金和系统恢复费用等。例如，勒索软件攻击可能导致企业支付巨额赎金以解锁被加密的数据。

直接经济损失的具体影响如下。

1. 财务损失

攻击者通过网络攻击窃取企业和个人的银行账号、信用卡信息和支付账户，

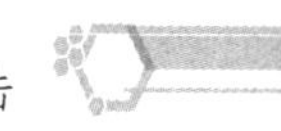

进行未经授权的交易，直接导致财务损失。受害者需要花费大量时间和精力来报告欺诈行为、恢复账户和追回损失。银行账号和信用卡信息被窃取后，可能导致账户余额减少和信用额度被占用，影响日常生活和财务管理。支付账户被窃取后，可能导致支付记录被篡改和交易记录被删除，影响交易安全和财务管理。

2. 赎金支付

企业和个人在遭受勒索软件攻击后，可能被迫支付赎金以解锁被加密的数据。赎金的支付不仅直接增加了财务负担，还可能鼓励更多的勒索软件攻击，进一步增加了安全风险。赎金支付过程可能涉及加密货币交易，增加了交易复杂性和费用，进一步增加经济负担。

3. 系统恢复

企业和个人在遭受网络攻击后需要投入大量资源进行系统恢复和数据修复，包括购买新设备、升级软件、恢复数据等。这些恢复费用直接增加了经济负担，影响企业的财务状况和个人的生活质量。系统恢复过程可能涉及数据备份和恢复、系统重建和配置、安全软件安装和更新等，增加了经济负担和时间成本。

（二）间接经济损失

间接经济损失是指因网络攻击间接导致的经济损失，包括业务中断、客户流失、声誉受损和法律诉讼费用等。例如，数据泄露事件可能导致企业面临客户诉讼和罚款，进一步增加经济负担。

间接经济损失的具体影响如下。

1. 业务中断

企业在遭受网络攻击后，可能面临业务停滞、生产中断和服务中断等问题，影响业务流程和运营效率。业务中断不仅导致收入减少，还可能导致客户流失和市场份额减少，进一步增加经济损失。生产中断可能导致产能下降和产品交付延迟，影响生产效率和市场竞争力。服务中断可能导致客户无法进行交易和查询，影响客户体验和满意度。

2. 客户流失

网络攻击导致的数据泄露、服务中断和用户体验受损，可能导致客户对企业失去信任，转移到竞争对手的平台，导致客户流失和市场份额减少。客户的流失不仅影响企业的收入，还可能增加市场竞争的难度。客户流失后，企业需要投入大量资源进行客户挽留和市场推广，进一步增加经济负担。

3. 声誉受损

网络攻击事件频发可能导致企业的品牌声誉受损，影响公众和客户对企业的信息安全和服务稳定性的信任。声誉受损可能导致客户流失、市场份额减少和业务下滑，进一步增加经济损失。品牌声誉受损后，企业需要投入大量资源进行品牌修复和市场推广，进一步增加经济负担。

4. 法律诉讼费用

企业在网络攻击事件中可能面临客户诉讼、监管罚款和合同违约赔偿等法律风险。这些法律责任不仅增加了企业的经济负担，还可能影响企业的财务状况和经营能力。法律诉讼费用包括律师费、诉讼费和赔偿金等，直接增加了经济负担。法律诉讼过程中可能需要投入大量资源进行证据收集和应对，影响企业的正常运营和财务状况。

（三）长期经济影响

网络攻击的长期经济影响可能包括市场份额的减少、投资者信心的下降和竞争力的削弱。企业在经历重大网络攻击后，可能需要较长时间才能恢复正常运营和市场地位。

长期经济影响的具体表现如下。

1. 市场份额减少

企业在遭受网络攻击后，可能失去部分客户和市场份额，影响市场地位和竞争力。市场份额的减少不仅影响企业的收入，还可能影响企业的长期发展和战略规划。市场份额减少后，企业需要投入大量资源进行市场推广和客户挽留，进一步增加经济负担。

2. 投资者信心下降

网络攻击事件可能导致投资者对企业的信息安全能力和经营状况失去信心，影响企业的融资能力和股价表现。投资者信心的下降可能使企业面临资金短缺、股价下跌和市场估值下降等问题，影响企业的财务状况和经营能力。投资者信心下降后，企业需要投入大量资源进行信息披露和投资者沟通，进一步增加经济负担。

3. 竞争力削弱

企业在遭受网络攻击后，可能面临技术损失、研发成本上升和创新成果流失等问题，影响企业的竞争力和市场地位。竞争力的削弱不仅影响企业的短期表现，还可能影响企业的长期发展和战略规划。技术损失和研发成本上升后，企业需要投入大量资源进行技术恢复和创新，进一步增加经济负担。创新成果流失后，企业需要投入大量资源进行知识产权保护和研发创新，进一步增加经济负担。

第三章

网络安全技术

第一节 加密技术

加密技术是保护信息安全的核心手段，通过将明文数据转换为密文数据，防止未经授权的访问和数据泄露。加密技术不仅是数据保密的重要保障，也是身份认证和数据完整性的重要基础。加密技术主要包括对称加密、非对称加密和哈希算法。

一、对称加密

对称加密（Symmetric Encryption）是一种使用相同密钥进行加密和解密的加密方法。由于加密和解密使用的是同一密钥，对称加密的速度较快，适用于大数据量的加密。

（一）工作原理

对称加密的工作原理是将明文数据通过加密算法和密钥转换为密文，然后使用相同的密钥和解密算法将密文还原为明文。常见的对称加密算法包括 AES、DES 和 3DES（三重数据加密算法）。

1. AES

AES 无疑是当今信息安全领域最受信赖的对称加密算法之一。其广泛应用

的背后，是对其卓越安全性能和高效加密效率的充分认可。AES 的核心优势在于其灵活多变的密钥长度选择，包括 128 位、192 位以及 256 位三种规格，这为不同安全需求的应用场景提供了恰到好处的保护。无论是对于个人用户的敏感信息保护，还是企业级的大规模数据加密需求，AES 都能展现出其强大的适应性和可靠性。

AES 采用分组加密的方式，这种加密模式将待加密的数据分割成固定长度的数据块，然后逐一进行加密处理。每个数据块的加密过程都是独立进行的，但同时又通过特定的加密算法和密钥相互关联，从而确保了整个加密过程的连续性和安全性。这种设计既保证了加密过程的高效性，又有效避免了因数据块间的相互干扰而导致的安全风险。

2. DES

DES 作为一种早期的对称加密算法，虽然曾经发挥过重要作用，但在现代信息安全领域已经显得力不从心。DES 采用 56 位密钥进行加密，这在当今强大的计算能力面前显得极为脆弱。因此，DES 已经被逐渐淘汰，取而代之的是更为强大的加密算法如 AES。

3. 3DES

3DES 是对 DES 的一种改进和扩展。3DES 通过三次独立的加密操作来提高加密的安全性。具体来说，其采用三组独立的 56 位密钥，分别对同一数据块进行加密、解密和再次加密的过程。这种多重加密的方式虽然在一定程度上提高了加密的安全性，但其复杂的加密流程和高昂的计算成本，使得 3DES 在效率上大打折扣。因此，随着 AES 等更高效、更安全的加密算法的出现，3DES 也逐渐被市场所淘汰。

（二）优势

对称加密的核心优势不仅在于其高效的加解密速度，还体现在其算法设计的简洁性、实施的便利性以及在特定环境下的卓越表现上。这一加密方法通过单一密钥同时完成加密与解密过程，极大地简化了加密流程，使之特别适用于处理大

规模数据的场景。

首先，对称加密之所以能在速度上占据优势，主要是因为其算法设计紧凑，计算量相对较小。在大数据量加密时，这一特点尤为显著。无论是企业级的数据库加密、云存储中的数据保护，还是个人用户在日常通信中对敏感信息的加密传输，对称加密都能以极快的速度完成加密过程，确保数据在传输过程中的安全性，同时不会引入过多的延迟。

其次，对称加密算法的相对简单性，使其在实现和部署上更加便捷。相比非对称加密需要管理成对的公私钥，对称加密只需管理一个密钥，大大简化了密钥管理的复杂性。这使对称加密在资源受限的环境中，如嵌入式系统、物联网设备等，具有更高的适用性和效率。在这些环境中，计算资源和存储资源都相对有限，对称加密的轻量级特性使它成为首选的加密方式。

最后，由于加密和解密过程使用相同的密钥，对称加密在通信双方共享密钥的前提下，能够实现高效的加密通信。在需要频繁交换大量数据的场景中，如实时通信、视频会议等，对称加密能够确保数据在传输过程中的安全性和实时性。此外，由于密钥的单一性，对称加密还避免了因密钥管理不善而导致的安全问题，如密钥泄露、密钥丢失等。

（三）劣势

对称加密的主要劣势是密钥管理困难。在对称加密体系中，加密与解密使用的是同一把密钥，这既是其高效性的源泉，也是其脆弱性的所在。因为这把唯一的密钥成为安全性的关键，它必须被小心翼翼地传输与保存。在传输过程中，任何形式的拦截或篡改都可能导致密钥的泄露，进而威胁到数据的安全。而在存储环节，无论是物理存储还是数字存储，都存在被非法访问的风险。一旦密钥落入不法分子之手，那么原本被精心保护的数据就如同不设防的城堡，任人出入。

此外，对称加密的局限性还体现在其无法满足特定场景下的安全需求。例如，在需要公钥基础设施（PKI）支持的场景中，如数字签名和证书验证，对称加密就显得力不从心。数字签名是确保信息完整性和发送者身份真实性的一种重要手段，它要求发送者使用自己的私钥对数据进行签名，而接收者则使用发送者

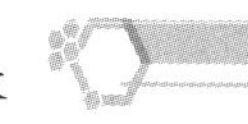

的公钥进行验证。这一过程中，公钥和私钥的分离使用是不可或缺的，而对称加密由于加密与解密使用同一密钥，自然无法满足这一需求。同样，证书验证也是基于公钥和私钥的分离使用来实现的，对称加密同样无法胜任。

二、非对称加密

非对称加密（Asymmetric Encryption）是一种使用不同密钥进行加密和解密的加密方法。非对称加密使用一对密钥：公钥和私钥。公钥用于加密，私钥用于解密。

（一）工作原理

非对称加密的工作原理是将明文数据通过加密算法和公钥转换为密文，然后使用对应的私钥和解密算法将密文还原为明文。常见的非对称加密算法包括RSA、ECC和Diffie-Hellman密钥交换。

1. RSA

RSA加密算法作为非对称加密领域的先驱，其重要性不言而喻。这一算法的核心在于利用两个极大的质数相乘来生成一个巨大的合数，而这个合数的因式分解在现有计算能力下几乎是不可行的，从而确保了加密的安全性。RSA的加密和解密过程涉及复杂的数学运算，尤其是模幂运算和模逆运算，这些运算的复杂性使RSA在处理大规模数据时显得相对缓慢。然而，正是由于其高度的安全性和灵活性，RSA成为众多加密应用中的首选算法，无论是数据通信、电子商务还是电子政务，都能见到RSA的身影。

2. ECC

与RSA相比，ECC则是一种更为现代且高效的非对称加密技术。ECC基于椭圆曲线上的点集构成的加法群，通过该群上的离散对数问题来实现加密和解密。ECC的安全性同样依赖于数学难题的难以解决性，但与RSA不同的是，ECC在达到相同安全强度时所需的密钥长度要短得多。这一特性使ECC在计算资源和存储资源受限的环境下具有显著的优势，如智能手机、平板电脑以及物联网设备等。此外，ECC 的计算效率也高于 RSA，进一步提升了其在实际应用中的性能表现。

3. Diffie-Hellman 密钥交换

Diffie-Hellman 密钥交换协议则是一种用于在通信双方之间安全地交换密钥的技术。该协议基于离散对数问题的难以解决性，允许通信双方在不安全的信道上交换信息，从而生成一个共享的密钥。这个密钥可以用于加密双方之间的通信，确保信息的安全传输。值得注意的是，Diffie-Hellman 本身并不提供加密功能，而是作为密钥交换的协议存在。在实际应用中，Diffie-Hellman 通常与其他加密算法（如 RSA 或 ECC）结合使用，以提供完整的加密通信解决方案。

（二）优势

非对称加密的核心优势之一在于其独特的密钥管理机制，这一机制极大地简化了加密与解密过程中的复杂性，并显著提升了数据传输的安全性。具体来说，非对称加密采用了一对密钥：公钥和私钥，这两把密钥在加密和解密过程中扮演着截然不同的角色，且彼此间存在着紧密而复杂的数学关系。

首先，公钥的公开性是非对称加密的一大亮点。与传统的对称加密技术相比，非对称加密不需要通信双方秘密共享一个共同的密钥。相反，公钥可以像电话号码或电子邮箱地址一样，被安全地公开发布和分发。这种公开性不仅简化了密钥的交换过程，还降低了密钥泄露的风险，因为即使公钥被截获，也无法直接用于解密信息。

其次，私钥的保密性则是非对称加密安全性的基石。私钥是加密过程中不可或缺的一部分，它用于解密由公钥加密的信息，或者对信息进行数字签名以验证信息的完整性和来源。由于私钥的保密性，即使公钥被公开，也无法通过公钥推算出私钥，从而确保了加密过程的安全性。

最后，非对称加密还支持公钥基础设施，这是一个复杂的系统，用于管理公钥和私钥的生成、分发、撤销和存储。公钥基础设施通过数字证书为公钥提供

身份认证，确保公钥的真实性和可信度。这种机制使非对称加密技术能够广泛应用于数字签名、证书验证和安全通信等场景。例如，在电子商务中，非对称加密可以确保交易双方的身份认证和交易信息的机密性；在电子邮件通信中，非对称加密可以防止邮件被非法截取和篡改；在远程登录和文件传输等场景中，非对称加密同样发挥着重要的作用。

（三）劣势

非对称加密的主要劣势，首要体现在加密和解密的速度上。非对称加密的核心机制是使用一对公钥和私钥进行加密和解密操作。这种机制虽然极大地增强了数据的安全性，但同时也带来了性能上的挑战。与对称加密相比，非对称加密的算法更为复杂，涉及大数运算、模幂运算等计算密集型操作。这些操作在处理大数据量时，会显著增加加密和解密所需的时间，从而影响整体的数据处理效率。尤其是在现代互联网时代，数据量的爆炸性增长使性能问题不容忽视。对于需要频繁传输大量数据的场景，如在线视频、云计算服务等，非对称加密的加密和解密速度显然无法满足实际需求。因此，尽管非对称加密在理论上具有极高的安全性，但在实际应用中，它更多地被用作密钥交换或小规模数据的加密，而非直接用于大规模数据传输的加密。

此外，非对称加密算法的复杂性还体现在其实现和部署成本上。由于算法本身的复杂性，非对称加密的实现需要较高的技术门槛和硬件支持。在软件层面，开发者需要投入大量的时间和精力来优化算法的性能；在硬件层面，为了加速加密和解密过程，往往需要采用高性能的处理器或专门的加密芯片。这些额外的成本使非对称加密在某些资源受限的环境中难以得到广泛应用。

三、哈希算法

哈希算法（Hash Algorithm）是一种将任意长度的数据转换为固定长度的散列值（哈希值）的算法。哈希算法广泛应用于数据完整性验证、数字签名和密码存储等领域。

（一）工作原理

哈希算法通过对输入数据进行处理，生成一个唯一的固定长度的哈希值。常见的哈希算法包括 MD5、SHA-1 和 SHA-256。

1. MD5

MD5，这一经典的哈希算法，自诞生之日起，便以其高效的计算速度和简洁的 128 位哈希值输出，成为众多系统和应用中的安全守护者。然而，随着时间的推移和技术的发展，MD5 算法逐渐暴露出了其脆弱的一面。这主要体现在其容易受到碰撞攻击和预映射攻击上。碰撞攻击指的是不同的输入可能产生相同的哈希值，这种特性使攻击者有可能通过精心构造的输入来伪造或篡改数据，而预映射攻击则进一步放大了这种风险，使攻击者能够提前预测或构造出特定的哈希值。

2. SHA-1

相比 MD5，SHA-1 算法在安全性上进行了显著的提升。作为一种生成 160 位哈希值的算法，SHA-1 在设计时便考虑到了更多的安全因素，因此在一段时间内，它被认为是比 MD5 更为安全的哈希算法。然而，随着计算能力的不断提升，SHA-1 也逐渐显露出了其不再安全的迹象。这主要体现在其抗碰撞性逐渐降低，使攻击者有可能通过大规模的计算找到碰撞的输入对。因此，SHA-1 也已经被更强的哈希算法所取代。

3. SHA-256

SHA-256，作为 SHA-2 系列哈希算法中的佼佼者，以其 256 位的哈希值输出和极高的安全性赢得了广泛的认可。与 MD5 和 SHA-1 相比，SHA-256 在算法设计上进行了更为复杂的优化，使其抗碰撞性和预映射攻击的能力得到了显著的提升。这种提升不仅使 SHA-256 在密码学领域得到了广泛的应用，如数字签名、数据加密等，还在区块链和数据完整性验证等领域发挥了重要的作用。在区块链中，SHA-256 被用来生成区块的哈希值，以确保区块的不可篡改性和数据的完整性；在数据完整性验证中，SHA-256 则被用来计算文件的哈希值，以便在文

件传输或存储过程中进行校验，确保数据的准确性。

（二）优势

哈希算法因卓越的性能和独特的特性成为数据安全、数据验证及高效数据处理中的核心工具。

首先，哈希算法的主要优势是速度快，计算效率高。在数字时代，数据量的爆炸性增长对处理速度提出了前所未有的要求。哈希算法通过精妙的设计，能够在极短的时间内对任意长度的输入数据进行处理，并输出一个固定长度的哈希值。这一特点使哈希算法在处理大规模数据集时，能够显著减少计算时间和资源消耗，提高整体的数据处理效率。无论是数据库索引、缓存机制还是分布式系统中的数据分布，哈希算法都提供了强有力的支持。

其次，哈希算法的不可逆性是其保护数据隐私的重要基石。在信息安全领域，数据的保密性至关重要。哈希算法通过一系列复杂的数学变换，将原始数据转换成难以预测且无法逆向还原的哈希值。这种单向性确保了即使哈希值被泄露，攻击者也几乎无法获取到关于原始数据的任何有用信息。因此，哈希算法在密码存储、数字签名等领域得到了广泛应用，为用户的敏感数据提供了强有力的保护。

最后，哈希算法的确定性是其应用于数据完整性验证和快速查找的关键所在。对于给定的输入数据，哈希算法总能生成一个唯一的哈希值。这一特性使哈希算法能够作为数据的“指纹”，用于验证数据的完整性和一致性。在数据传输或存储过程中，如果数据被篡改，其哈希值将会发生变化。通过比较原始数据的哈希值与当前数据的哈希值，可以迅速发现数据是否被篡改。此外，哈希算法还可以用于构建高效的查找结构，如哈希表。将数据的哈希值作为索引，可以实现对数据的快速定位和访问，极大地提高了数据处理的效率。

（三）劣势

哈希算法在展现其卓越性能的同时，也暴露出了不容忽视的劣势，最显著的便是哈希碰撞的可能性。

哈希碰撞指的是不同的输入数据在通过哈希算法处理后，生成了完全相同的哈希值。虽然从理论概率上看，这种情况的发生率极低，几乎可以视为小概率事件，但一旦真的发生，其后果却是灾难性的。数据的唯一性和完整性是信息安全领域的基石，而哈希碰撞则直接动摇了这一基石。试想，如果攻击者能够找到两个完全不同的输入数据，它们却拥有相同的哈希值，那么原本依赖于哈希值进行身份验证、数据完整性校验的系统将面临巨大的安全威胁。

此外，随着密码学研究的不断深入和计算能力的不断提升，一些曾经被认为是安全的哈希算法已经逐渐显露出其脆弱性。以 MD5 和 SHA-1 为例，这两款算法曾是哈希算法领域的佼佼者，被广泛应用于各种场合。然而，随着时间的推移，研究人员发现了越来越多的攻击方法，能够成功地找到哈希碰撞的实例。这一发现无疑给使用这些算法的系统敲响了警钟，提醒人们必须及时更换更为安全的哈希算法（如 SHA-256）。

四、加密技术的应用

加密技术在现代信息安全中有广泛的应用，包括数据传输、数据存储、身份认证和数字签名等。

（一）数据传输

在数据传输的过程中，加密技术不仅捍卫了数据的机密性，还确保了数据的完整性，有效防止了数据在传输过程中被非法窃听或恶意篡改。这一技术的应用，为当今的数字化世界筑起了一道安全的防线，尤其在那些对数据安全要求极高的领域，其作用更是不容小觑。常见的应用包括 HTTPS、VPN 和电子邮件加密。

1. HTTPS

HTTPS（Hyper Text Transfer Protocol Secure）是 HTTP 的安全版本，通过集成 SSL/TLS 协议，实现了数据传输过程中的端到端加密。这意味着，当用户通过 HTTPS 协议与网站进行交互时，无论是用户输入的敏感信息（如密码、支付信息

等），还是网站返回的页面内容，都会被加密处理，形成一道难以破解的加密数据流。这种加密机制，有效抵御了中间人攻击等网络安全威胁，为电子商务、在线银行以及社交媒体等敏感领域提供了强有力的安全保障。

2. VPN

VPN 通过构建一个加密的隧道，在公共网络（如互联网）上为用户提供一个安全的通信通道。在这个加密隧道中，用户的数据被加密处理，即使数据在公共网络上传输，也无法被未授权的第三方窃听或篡改。VPN 的广泛应用，不仅满足了企业远程办公、跨国通信等实际需求，还为用户提供了强大的隐私保护能力。通过 VPN，用户可以放心地在全球范围内进行数据传输，而无须担心数据泄露。

3. 电子邮件加密

电子邮件作为现代通信的重要工具，其安全性同样不容忽视。电子邮件加密技术，如 PGP 和 S/MIME 等协议，通过对邮件内容和附件进行加密处理，确保了邮件在传输过程中的机密性和完整性。即使邮件在传输过程中被截获，未授权的第三方也无法解密查看邮件内容。这种加密机制，为电子邮件通信提供了强有力的安全保障，使用户可以更加放心地通过电子邮件传递敏感信息。

（二）数据存储

在数据存储过程中，加密技术用于保护静态数据的安全，防止数据被未经授权的访问和泄露。这一技术的广泛应用，不仅体现了对数据安全性的高度重视，也反映了技术进步在保护用户隐私方面的巨大贡献。常见的应用主要包括磁盘加密、数据库加密和云存储加密。

1. 磁盘加密

磁盘加密，作为一种基础且高效的数据保护手段，其核心在于对整个磁盘或特定分区实施加密处理。这一举措意味着，即便是物理上获取了存储介质，未经授权的用户也无法直接读取其中的数据，因为所有的数据都已转化为看似杂乱无章的加密形式。BitLocker（针对 Windows 系统）和 FileVault（专为 macOS 设计）作为磁盘加密领域的佼佼者，各自以独特的技术优势赢得了市场的广泛认可。

微软推出的 BitLocker 加密技术，以其强大的加密能力和灵活的配置选项著称。它支持多种加密算法，包括 AES，能够为用户提供不同级别的安全保护。此外，BitLocker 还具备自我修复和恢复密钥管理功能，确保在系统崩溃或丢失密钥的情况下，用户依然能够恢复对数据的访问权限。

对于 macOS 用户而言，FileVault 是保障数据安全不可或缺的一部分。它同样采用 AES 加密算法，对硬盘上的所有用户数据进行加密。与 BitLocker 类似，FileVault 也支持通过恢复密钥来恢复对加密数据的访问。不同之处在于，FileVault 还集成了 macOS 的 Touch ID 和 T2 安全芯片技术，为用户提供更加便捷且安全的身份验证方式。

2. 数据库加密

数据库作为存储大量敏感信息的核心系统，其安全性至关重要。数据库加密技术通过对存储在数据库中的数据进行加密处理，有效防止了数据泄露的风险。其中，透明数据加密（TDE）和字段级加密是两种最为常见的数据库加密技术。

TDE 通过加密数据库文件来实现对敏感数据的保护。它允许数据库管理员在不改变应用程序逻辑的情况下，对整个数据库或特定的数据库文件进行加密。加密过程对应用程序和用户而言是透明的，即用户无须知道数据是否被加密，即可正常访问和使用这些数据。TDE 通常采用 AES 等高强度加密算法，确保数据在存储和传输过程中的安全性。

与 TDE 不同，字段级加密更加灵活和精细。它允许数据库管理员针对数据库中的特定字段（如密码、身份证号等敏感信息）进行加密处理。这种加密方式可以根据实际需求灵活配置，实现对敏感数据的精准保护。同时，字段级加密还可以与数据库访问控制机制相结合，进一步提高数据的安全性。

3. 云存储加密

随着云计算技术的普及和发展，越来越多的企业和个人选择将数据存储在云端。然而，云存储也带来了新的安全挑战。为了应对这些挑战，云存储加密技术产生了。它通过对上传到云存储服务的数据进行加密处理，确保数据在云端的

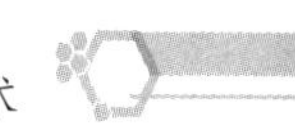

安全性和隐私性。客户端加密、服务器端加密和端到端加密是云存储加密领域的三种主要技术。

在客户端对数据进行加密后再上传到云端。这种方式的优势在于，即使云端服务提供商也无法直接访问未加密的数据。然而，它也要求客户端具备足够的加密能力和密钥管理能力。此外，由于加密过程在客户端完成，可能会增加数据传输的延迟和带宽消耗。

数据在上传到云端后由服务提供商进行加密处理。这种方式简化了客户端的操作流程，但要求服务提供商具备可靠的加密能力和严格的安全管理制度。同时，服务器端加密还需要考虑密钥管理和访问控制等问题，以确保只有授权用户才能访问加密数据。

结合了客户端加密和服务器端加密的优势。数据在客户端加密后上传到云端，并在云端进行进一步的加密处理。这种方式提供了更高的安全性保障，因为即使云端服务提供商也无法解密数据。然而，它也要求客户端和服务器端具备强大的加密能力和密钥管理能力，并且需要双方之间建立安全的通信通道。

（三）身份认证

在身份认证过程中，加密技术用于验证用户或设备的身份，确保只有经过授权的用户或设备可以访问系统和数据。常见的应用包括密码认证、数字证书和生物识别。

1. 密码认证

密码认证作为最基础的身份验证方式之一，通过先进的加密算法将用户的密码转化为难以逆向破解的哈希值进行存储。当用户尝试登录时，系统会再次将输入的密码进行哈希处理，并与存储的哈希值进行比较，从而验证用户的身份。常见的密码存储算法，如 bcrypt、scrypt 和 Argon2，都提供了强大的抗破解能力，有效提升了密码的安全性。

2. 数据证书

数字证书则是另一种重要的身份认证手段，它依赖于公钥基础设施进行管理和分发。数字证书不仅验证了用户或设备的身份，还确保了通信过程中的真实性和完整性。例如，SSL/TLS 证书被广泛用于保护网站与用户浏览器之间的数据传输安全；电子签名和代码签名则分别用于确保电子文档和软件代码的真实性和完整性。

3. 生物识别

生物识别技术可以通过加密和存储用户的生物特征信息，生物识别技术能够准确、快速地验证用户的身份。指纹识别、面部识别和虹膜识别等常见的生物识别技术，不仅提高了身份验证的便捷性，还大大增强了系统的安全性。这些技术的应用，不仅体现了技术进步的力量，更为用户隐私保护提供了强有力的支持。

（四）数字签名

数字签名通过非对称加密技术的精妙运用，为数据的传输与存储筑起了一道坚不可摧的防线，使数据在纷繁复杂的网络环境中能够保持其原始来源的真实性和完整性。数字签名利用数字技术手段对电子文档进行“签名”，这种签名与传统的手写签名在功能上有着异曲同工之妙，但在形式上却截然不同。在数字签名的过程中，发送方首先会使用自己的私钥对数据的摘要（一种数据的指纹，通过哈希函数生成）进行加密，生成所谓的“数字签名”。随后，这个签名连同原始数据一起被发送给接收方。接收方在收到数据后，会使用发送方的公钥对签名进行解密，并重新计算数据的摘要与解密后的摘要进行对比。如果两者一致，则说明数据在传输过程中未被篡改，且确实来自声称的发送方，从而实现了对数据来源真实性和完整性的双重验证。

数字签名之所以能够有效保障数据的安全，关键在于非对称加密技术的独特性质。私钥的私有性和公钥的公开性构成了一个完美的互补机制：只有私钥的持有者（即发送方）才能生成有效的签名，而任何拥有公钥的人都可以验证签名的真实性。这种机制不仅确保了签名的唯一性和不可伪造性，还使签名过程具有了高度的灵活性和便捷性。

在签名生成阶段，发送方利用私钥对数据进行加密处理，生成了一个只有公钥才能解开的“锁”。这个“锁”就是数字签名，它像是一个独特的印记，将发送方的身份与数据紧密地绑定在一起。在验证阶段，接收方使用公钥打开这个“锁”，并通过对比解密后的数据与原始数据的摘要来确认数据的真实性和完整性。如果“锁”被成功打开且数据无误，接收方就可以确信这份数据来自声称的发送方，并且在传输过程中没有受到任何形式的篡改。

数字签名以其独特的技术优势和广泛的应用价值，在多个领域内发挥着举足轻重的作用。在电子商务交易中，数字签名成为保障交易双方权益的重要工具。通过数字签名技术，买家可以确认自己购买的商品确实来自可靠的卖家，而卖家则可以确保自己的收款信息不会被篡改或冒领。在电子合同签署领域，数字签名同样展现出了巨大的潜力。它使合同的签署过程更加便捷、高效且安全，极大地降低了纸质合同带来的不便和风险。此外，数字签名还在软件发布验证和电子政务等领域发挥着重要作用。在软件发布过程中，开发者可以使用数字签名对软件进行签名处理，以确保用户下载到的是官方正版软件而非恶意篡改过的版本。在电子政务领域，数字签名则成为实现政府文件电子化、提高政务服务效率的重要支撑。通过数字签名技术，政府部门可以更加高效地处理各类文件和数据交换事务，同时确保信息的安全性和可信度。

综上所述，数字签名作为一项重要的信息安全技术，在保障数据来源真实性和完整性方面发挥着不可替代的作用。随着技术的不断进步和应用场景的不断拓展，数字签名必将在未来发挥更加广泛而深远的影响。

第二节　身份认证技术

身份认证技术用于验证用户或设备的身份，确保只有经过授权的用户或设备可以访问系统和数据。身份认证技术是信息安全体系的关键组成部分，涉及密码认证、生物识别认证和多因素认证等多个方面。

一、密码认证

密码认证（Password Authentication）是最常见的身份认证方法，用户通过输入预先设定的密码来验证身份。

（一）工作原理

密码认证的工作原理是用户在注册时设置一个密码，系统将密码进行哈希处理并存储。当用户登录时，系统将用户输入的密码进行哈希处理，并与存储的哈希值进行比较，如果匹配则通过认证。

1. 哈希函数

哈希函数的作用是将任意长度的输入（如用户设置的密码）转换为一个固定长度的输出（即哈希值）。这个转换过程是不可逆的，也就是说，从哈希值无法直接推导出原始的输入值。此外，哈希函数还具有高度的敏感性，即使输入的微小变化也会导致输出的巨大差异。这使哈希函数在密码存储中得到了广泛的应用。

2. 盐值

哈希函数虽然可以防止攻击者直接通过哈希值反推出明文密码，但无法抵御彩虹表攻击等暴力破解手段。为了进一步增强密码的安全性，系统引入了盐值（Salt）的概念。盐值是添加到密码中的随机数据，它可以是任意长度的字符串或数字。将盐值与密码组合后再进行哈希处理，即使两个用户设置了相同的密码，由于盐值不同，它们生成的哈希值也会完全不同。这样一来，即使攻击者拥有了彩虹表等破解工具，也无法直接应用于包含盐值的哈希值上，从而大大提高了密码存储的安全性。

3. 密码存储和验证

在密码的存储和验证过程中，系统会根据用户设置的密码和生成的盐值生成相应的哈希值，并将这些值存储在数据库中。当用户登录时，系统会首先获取用户输入的密码和存储的盐值，然后将它们组合起来进行哈希处理。处理完成

后，系统会将得到的哈希值与数据库中存储的哈希值进行比较。如果两者匹配，则说明用户输入的密码是正确的，系统允许用户登录；如果不匹配，则说明用户输入的密码有误，系统将拒绝用户的登录请求。

（二）优势

1. 易用性

在数字化时代，信息的高效流通与便捷访问成为人们追求的重要目标。密码认证恰恰满足了这一需求，其易用性体现在三个方面。

①相较于复杂的生物特征识别或烦琐的令牌验证，密码通常由一串字符组成，用户可以根据自身习惯选择易于记忆的组合。这种特性使用户无须额外学习复杂的操作技巧，也无须担心因遗忘或丢失而导致身份验证失败。

②密码的输入方式多样，既可以通过键盘快速键入，也可以通过触摸屏滑动或点击完成。这种灵活性使密码认证能够适应不同设备、不同场景下的身份验证需求，为用户带来极大的便利。

③一旦用户输入正确的密码，系统便能迅速完成身份验证过程，无须等待漫长的处理时间。这种即时性不仅提高了用户体验，也确保了信息访问的时效性。

2. 普及性

密码认证之所以能够成为最常见和最普及的身份认证方法，得益于其在三个方面的优势。

①无论是 PC 端、移动端还是云端服务，密码认证都能提供统一、稳定的身份验证机制。这种跨平台的兼容性使密码认证能够广泛应用于各种系统和服务中，满足不同用户的多样化需求。

②密码认证遵循国际通用的安全标准和协议，如 HTTPS、SSL/TLS 等。这种标准化程度不仅确保了密码认证的安全性，也促进了其在全球范围内的普及与应用。

③相较于其他身份认证方法，密码认证无须额外的硬件支持或专业维护团队。用户自行设置并记住密码即可完成身份验证过程，大大降低了成本投入。同

时，对于服务提供商而言，密码认证也降低了系统的复杂性和维护难度，提高了运营效率。

（三）劣势

密码认证的主要劣势是安全性较低，容易受到暴力破解、字典攻击和社会工程学攻击等威胁。此外，用户可能选择弱密码或在多个账户中使用相同密码，增加了安全风险。

1. 暴力破解

密码认证的安全性较低，这一劣势主要体现在其易受多种形式的攻击上。暴力破解是其中最为直接且常见的一种攻击方式。攻击者会利用强大的计算资源，尝试所有可能的密码组合，以期“撞库”成功。这种攻击方式对弱密码和常见密码尤为有效，因为这些密码的组合空间相对较小，容易被穷举。例如，仅由数字和小写字母组成的 6 位密码，其组合数量看似庞大，但在现代计算机的计算能力面前，却显得微不足道。

2. 字典攻击

字典攻击是另一种针对密码认证的常见攻击方式。与暴力破解不同，字典攻击不是盲目地尝试所有可能的密码组合，而是使用预先准备好的密码词典进行攻击。这些词典包含了大量常见的、用户可能选择的密码。攻击者会先对这些密码进行哈希处理，然后将结果与存储的哈希值进行比较。由于密码词典中的密码往往具有较高的命中率，所以这种攻击方式往往能够快速地破解密码。

3. 社会工程学攻击

除了暴力破解和字典攻击，社会工程学攻击也是密码认证的一大威胁。社会工程学攻击主要利用人性的弱点，通过欺骗手段获取用户的密码。例如，攻击者可能会发送一封看似来自银行或电商平台的钓鱼邮件，诱骗用户点击链接并输入密码。或者，攻击者可能会伪装成客服人员，通过电话、短信或即时通信工具与用户联系，以各种理由要求用户提供密码。这些攻击方式往往难以防范，因为它们利用了用户的信任心理和对安全的忽视。

4. 密码重用

密码重用也是密码认证安全性较低的一个重要体现。许多用户在多个系统中使用相同的密码，这种做法虽然方便了用户记忆，但大大降低了密码的安全性。一旦某个系统的密码泄露，攻击者就可以尝试使用相同的密码登录其他系统。因此，密码重用不仅增加了用户个人信息泄露的风险，还可能导致更广泛的安全事件。

二、生物识别认证

生物识别认证（Biometric Authentication）是用户的生物特征进行身份验证的方法，包括指纹识别、面部识别、虹膜识别等。

（一）工作原理

生物识别认证的工作原理是采集用户的生物特征（如指纹、面部图像等），与系统中存储的特征模板进行匹配，如果匹配成功则通过认证。

1. 指纹识别

指纹识别，作为最早被广泛应用的生物识别技术之一，其魅力在于指纹的独特性与持久性。每个人的指纹图案都是独一无二的，即便是同卵双胞胎，其指纹也存在着微妙的差异。这种自然形成的“密码”，成为身份识别的理想选择。

在指纹识别过程中，首先需要通过高精度的传感器对用户的指纹进行扫描，这一过程往往快速而无声，用户轻轻将手指置于传感器上即可。随后，扫描得到的指纹图像会被转换成一系列的数字代码，这些代码代表了指纹上的脊线、谷线等细节特征。接下来，这些数字代码会与系统中预存的指纹模板进行比对，通过复杂的算法分析两者之间的相似度。若相似度达到预设的阈值，则认证通过，反之则失败。

值得注意的是，现代指纹识别技术已经发展到了相当高的水平，不仅能够识别出清晰的指纹图像，还能在一定程度上应对指纹磨损、潮湿等不利条件，确保认证的准确性和可靠性。

2. 面部识别

面部识别，则是另一种直观且易于接受的生物识别方式。与指纹识别不同，面部识别技术侧重于对人体面部特征的捕捉与分析。这些特征包括但不限于眼睛、鼻子、嘴巴的形状与位置，以及面部轮廓等。

在面部识别过程中，摄像头首先会捕捉用户的面部图像，并将其传输至计算机处理系统。随后，系统会通过一系列复杂的算法对图像进行预处理，如去除噪声、增强对比度等，以提高后续特征提取的准确性。接下来，系统会对面部图像进行特征提取，生成代表面部特征的数字代码。这些代码将与系统中预存的面部模板进行比对，以确定用户的身份。

面部识别的优势在于其非接触性，用户无须进行任何额外的操作即可完成认证过程。然而，这也使面部识别容易受到光线、角度、遮挡物等因素的影响。因此，现代面部识别技术通常会采用多种算法融合的策略，以提高认证的鲁棒性和准确性。

3. 虹膜识别

虹膜识别，作为生物识别技术中的佼佼者，以其高度的唯一性和稳定性著称。虹膜是眼睛中环绕瞳孔的彩色环状组织，其独特的纹理结构使得每个人的虹膜都是独一无二的。这种独特性为虹膜识别提供了坚实的基础。

在虹膜识别过程中，用户需要将眼睛对准特制的虹膜扫描仪。扫描仪会发射近红外光照亮虹膜区域，并捕捉反射回来的光线以形成虹膜图像。随后，系统会对虹膜图像进行预处理和特征提取，生成代表虹膜特征的数字代码。这些代码将与系统中预存的虹膜模板进行比对，以确定用户的身份。

虹膜识别的优势在于其极高的安全性和准确性。虹膜特征的高度唯一性和稳定性，使得虹膜识别技术几乎无法被伪造或复制。同时，虹膜识别还具有较好的抗干扰能力，能够在一定程度上应对光线变化、眼部疾病等因素的影响。然而，虹膜识别设备的成本相对较高，且对用户的配合度也有一定要求，这些因素限制了其在某些场景下的应用。

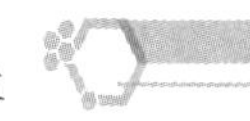

（二）优势

生物识别认证的独特优势在于深度融合了安全性、便捷性与不可否认性三大核心要素，为数字时代的身份验证树立了新的标杆。

1. 安全性

生物识别认证之所以能在众多身份验证方式中脱颖而出，首要原因便是其无与伦比的安全性。这种安全性根植于生物特征的独特性质——唯一性与难以复制性。

在自然界中，几乎不存在完全相同的两片树叶，同样，人类的生物特征也呈现出高度的唯一性。指纹、面部、虹膜等生物特征，如同每个人的“数字身份证”，是每个人独一无二的标识。这种唯一性意味着，即使是最精密的伪造技术，也难以复制出完全相同的生物特征，从而极大地提高了身份验证的安全性。进一步来看，生物识别技术还通过先进的算法和加密手段，对采集到的生物特征数据进行严格保护。这些数据在传输和存储过程中，会经过多重加密处理，确保即使数据被截获，也无法被轻易破解或篡改。这种技术上的安全保障，进一步巩固了生物识别认证的安全性基础。

除了唯一性，生物特征的难以复制性也是其安全性的重要体现。与传统的密码、密钥等身份验证方式相比，生物特征更加难以被复制或窃取。密码可以被猜测、破解或共享，但指纹、面部、虹膜等生物特征却难以被物理复制或远程窃取。这种物理层面的安全屏障，使生物识别认证在应对身份盗用、欺诈等安全威胁时具有更高的防御能力。

2. 便捷性

生物识别认证的另一个显著优势在于其便利性。在快节奏的现代生活中，人们越来越追求高效、便捷的服务体验。生物识别认证正是基于这一需求而生，通过简化身份验证流程，极大地提升了用户体验。

在传统的身份验证方式中，用户需要记忆大量的复杂密码来保护自己的账户安全。然而，这些密码往往难以记忆且容易遗忘或混淆。生物识别认证则彻底解决了这一难题。用户通过简单的扫描或拍摄操作即可完成身份验证，无须再为记忆密码而烦恼。除了密码，传统的身份验证方式还可能要求用户携带额外的认证设备（如门禁卡、U盾等）。这些设备不仅增加了用户的负担和成本，还可能因为丢失或损坏而导致身份验证失败。而生物识别认证则无须用户携带任何额外设备。用户的生物特征就是他们的“随身密钥”，随时随地可用且永不丢失。

3. 不可否认性

生物识别认证还具有不可忽视的不可否认性特点。这一特点主要体现在身份验证结果的权威性和不可篡改性上。

在传统的身份验证方式中，身份冒充是一个难以彻底解决的问题。攻击者可能通过伪造证件、窃取密码等手段来冒充他人身份进行非法操作。然而，在生物识别认证面前，这种身份冒充的难度被极大地提高了。因为生物特征具有高度的唯一性和难以复制性，所以攻击者很难伪造出与目标用户完全相同的生物特征来通过身份验证。

生物识别认证的结果具有高度的权威性。一旦用户的生物特征被成功验证，就可以确信该用户的真实身份和授权资格。这种权威性不仅有助于防止身份盗用和欺诈行为的发生，还可以为后续的业务处理提供可靠的身份依据。

（三）劣势

生物识别认证的主要劣势是成本较高，需要专门的硬件设备支持。此外，生物特征一旦泄露难以更改，存在一定的隐私风险。

1. 成本高

生物识别认证技术的核心在于对生物特征的精确识别，这离不开高性能、高精度的硬件设备支持。以指纹识别为例，高质量的指纹扫描仪不仅需要具备快速扫描、高分辨率捕捉能力，还需要抵御伪造指纹的干扰，确保识别的准确性和安全性。同样，面部识别技术也需要高清摄像头和强大的图像处理算法来支撑，以便在复杂的光线环境和表情变化中准确识别用户身份。这些专门的硬件设备不仅价格不菲，而且更新换代速度快，对于企业和个人用户，都是一笔不小的投

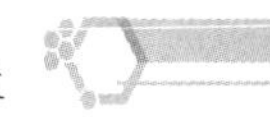

资。此外，生物识别系统的部署和维护也需要专业的技术人员，进一步增加了使用成本。

2. 隐私风险

生物识别信息的独特之处在于其与个人身份的紧密绑定和不可更改性。一旦这些敏感信息被泄露或滥用，用户将面临极大的隐私风险。与传统的密码或令牌不同，生物特征如指纹、虹膜、面部轮廓等一旦泄露，就无法像更改密码那样轻松恢复或替换。这意味着一旦用户的生物特征被不法分子获取并用于非法目的，用户将长期处于身份被盗用的风险之中。更为严重的是，由于生物特征的独特性，一旦泄露就可能造成永久性损害，难以通过法律手段完全弥补。

3. 环境影响

生物识别认证技术的准确性在很大程度上受到环境因素的影响。以指纹识别为例，手指的湿润程度、污损情况、伤痕等都可能影响指纹识别的成功率。同样，面部识别技术也面临着光线变化、面部表情、遮挡物等挑战。在户外或光线不足的环境中，面部识别系统的性能可能会大打折扣。此外，人为干扰也是不可忽视的因素之一。一些高级别的黑客可能会利用特定的技术手段或设备来伪造生物特征信息，从而绕过生物识别系统的安全防线。这些环境因素和人为干扰都为生物识别认证技术的普及和应用带来了不小的挑战。

三、多因素认证

多因素认证（Multi-Factor Authentication，MFA）是结合多种身份认证方法进行验证的技术，提高了认证的安全性。

（一）工作原理

多因素认证的工作原理是结合两种或以上的认证因素进行身份验证，常见的认证因素包括知识因素（密码）、拥有因素（智能卡、手机）和生物特征因素（指纹、面部识别）。

1. 知识因素

知识因素，作为多因素认证中的第一道关卡，主要依赖于用户所知道的信息，如密码、PIN 码等。这些信息通常具有一定的复杂性和随机性，以抵御暴力破解和猜测攻击。然而，值得注意的是，尽管知识因素在保护用户账户方面发挥着基础性作用，但它并非无懈可击。用户可能会因为忘记密码而面临登录困难，或者因使用弱密码而增加被破解的风险。因此，在多因素认证体系中，知识因素更多地作为一种辅助手段，与其他因素相辅相成，共同提升身份验证的安全性。

2. 拥有因素

拥有因素，以用户实际持有的物品为基础，是进行身份验证的一种方式。这些物品可能是智能卡、手机、令牌等，它们通常具备独特的身份标识和加密技术，以确保只有合法的用户才能使用。拥有因素的引入，有效地解决了知识因素可能存在的被遗忘或被盗用的问题。例如，当用户尝试登录时，除了输入正确的密码，还需要通过智能卡或手机接收到的验证码进行二次验证。这种双重验证机制极大地提高了账户的安全性，使得攻击者即使掌握了用户的密码，也无法轻易绕过身份验证。

3. 生物特征因素

生物特征因素，其是多因素认证中最具创新性和前瞻性的部分。它将用户的生物特征作为身份验证的依据，如指纹、面部、虹膜等。这些生物特征具有唯一性和不可复制性，因此被认为是最为可靠的身份验证手段之一。通过生物识别技术，系统能够迅速、准确地识别用户的身份，无须记忆复杂的密码或携带额外的物品。生物特征因素的加入，不仅提升了用户的使用体验，还进一步增强了身份验证的安全性。攻击者即使掌握了用户的知识因素和拥有因素，也难以通过伪造生物特征来绕过身份验证。

（二）优势

多因素认证的主要优势是安全性高，即使其中一个认证因素被破解，攻击者仍需突破其他认证因素才能完成认证。此外，多因素认证适用于高安全需求的

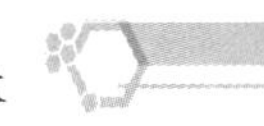

场景，如在线银行、企业内部系统等。

1. 安全性高

多因素认证之所以能在安全性上独树一帜，关键在于其构建了多重身份验证的防线。这些防线包括但不限于知识因素（如密码、PIN 码）、持有因素（如智能手机、安全令牌）、生物特征因素（如指纹、面部识别）等。每一道防线都代表着一种独立的验证手段，它们相互独立，互不干扰，即便某一因素被不法分子所破解，也无法单独完成整个认证过程，因为还有其他因素作为补充和制约。这种多重验证的机制，使攻击者必须同时掌握多种技术手段和信息资源，才有可能绕过认证系统，这无疑极大地增加了攻击的难度和成本，从而有效地保护了系统的安全。

2. 适用范围广

多因素认证的另一个显著优势在于其广泛的应用。无论是对于金融交易这种对安全性要求极高的领域，还是企业内部系统、重要数据访问等需要严格控制的场景，多因素认证都能提供强有力的支持。在金融领域，多因素认证可以有效防止钓鱼网站、木马病毒等恶意攻击手段，保护用户的资金安全；在企业内部系统中，多因素认证可以确保只有经过授权的员工才能访问敏感信息，防止内部泄露和外部攻击；在重要数据访问方面，多因素认证更是为数据的安全存储和传输提供了可靠的保障。这种跨场景、灵活多变的应用特性，使多因素认证成为现代信息安全领域不可或缺的一部分。

3. 用户信任度高

多因素认证不仅提升了系统的安全性，还显著增强了用户对系统的信任度。在传统的单因素认证模式下，密码一旦泄露或被破解，用户的账户就可能面临被非法访问的风险。而多因素认证通过引入多种身份验证方式，使攻击者难以轻易得手，从而让用户感受到了实实在在的安全感。此外，多因素认证还常常伴随着直观的安全提示和反馈机制，如短信验证码的即时发送、生物特征识别的即时反馈等，这些都能让用户直观地感受到系统正在对他们进行严格的身份验证和保护。这种安全可见性的提升，无疑会进一步增强用户对系统的信任度和满意度。

（三）劣势

多因素认证的主要劣势是实现复杂，用户体验相对较差。用户需要记忆多个认证因素或携带额外设备，增加了使用的复杂性和不便性。

1. 实现复杂

多因素认证的实现复杂性主要体现在技术集成和系统设计的层面。

从技术集成的角度来看，MFA 需要系统无缝地整合多种认证方式，包括但不限于密码、生物识别（如指纹、面部识别）、短信验证码、硬件令牌等。这种集成要求系统开发者具备深厚的安全知识和丰富的技术经验，以确保各种认证方式之间的兼容性、稳定性和安全性。此外，随着技术的发展和新的认证方式的不断涌现，系统还需要具备足够的灵活性和可扩展性，以便在未来能够轻松地添加或替换认证方式。

在系统设计方面，MFA 的引入也带来了诸多挑战。系统需要设计合理的认证流程和错误处理机制，以确保在多种认证方式同时使用时，用户能够顺畅地完成认证过程，并在遇到问题时能够得到及时的反馈和帮助。同时，系统还需要考虑到不同用户群体的需求和特点，如老年人、视力障碍者等，以提供更加友好和便捷的用户体验。

2. 用户体验差

多因素认证对用户体验的负面影响主要体现在以下两个方面。

第一，用户需要记忆多个认证因素或携带额外设备，这无疑增加了使用的复杂性和不便性。对于那些习惯于简单快捷登录方式的用户来说，这种改变可能让他们感到困惑和不满。此外，当用户在多个平台或设备上使用 MFA 时，还需要确保这些认证因素在不同环境中的一致性和安全性，这也增加了用户的认知负担和操作难度。

第二，MFA 要求用户进行多次验证，这无疑会增加使用时间和步骤。在某些紧急或高频的登录场景中，这种额外的验证过程可能会让用户感到不耐烦。此外，如果系统在设计时没有充分考虑到用户体验的各个方面，如界面友好性、操作便捷性等，还可能进一步加剧用户对 MFA 的抵触情绪。

3. 成本高

多因素认证的成本问题主要体现在硬件设备和软件支持两个方面。

第一，为了支持生物识别等先进的认证方式，用户可能需要购买额外的硬件设备，如指纹识别器、面部识别摄像头等。这些设备不仅价格不菲，还需要与用户的现有设备进行兼容和配对，增加了使用的复杂性和成本。

第二，MFA 的实施还需要软件支持。这包括认证系统的开发、部署、维护和升级等环节。随着技术的不断发展和安全威胁的日益严峻，认证系统需要不断地进行更新和升级以应对新的挑战和威胁。这些都需要投入大量的人力、物力和财力资源。

四、身份认证技术的应用

身份认证技术在现代信息安全中起着至关重要的作用，确保只有经过授权的用户或设备可以访问系统和数据。身份认证技术的应用范围广泛，涵盖了日常生活、企业管理、金融服务、医疗卫生等多个领域。以下是身份认证技术在各个领域的应用详述。

（一）日常生活中的身份认证

1. 智能手机和移动设备

智能手机和移动设备的普及使身份认证技术成为保障用户隐私和数据安全的重要手段。常见的应用包括指纹识别、面部识别和虹膜识别等。

①指纹识别：几乎所有的智能手机都配备了指纹识别传感器，用户可以通过指纹解锁设备、进行支付和访问敏感数据。指纹识别技术利用用户指纹的唯一性和稳定性，提供便捷且安全的身份验证方式。

②面部识别：面部识别技术通过分析用户面部特征进行身份验证，广泛应用于手机解锁和支付认证。现代智能手机采用的面部识别技术不仅能够识别用户面部，还能防止照片和视频攻击，提高了安全性。

③虹膜识别：一些高端智能设备还配备了虹膜识别技术，通过扫描用户的虹

膜进行身份验证。虹膜识别具有高度的唯一性和稳定性，是生物识别技术中安全性最高的一种。

2. 智能家居

智能家居系统中，身份认证技术被广泛应用于门锁、监控和家电控制等领域，提升家庭安全和用户体验。

①智能门锁：智能门锁结合指纹识别、面部识别和密码输入等多种身份验证方式，确保只有授权人员可以进入家庭。智能门锁还可以通过手机应用进行远程控制和监控，提供方便和安全的家庭防护。

②家庭监控：智能监控系统利用面部识别和行为分析技术，识别家庭成员和访客，提供实时的安全监控和报警服务。通过智能监控系统，用户可以随时查看家庭情况，确保家庭安全。

（二）企业管理中的身份认证

1. 访问控制

企业内部系统和数据的安全性依赖于有效的访问控制机制。身份认证技术在企业管理中被广泛应用于用户身份验证和权限管理，确保只有经过授权的员工可以访问敏感数据和系统资源。

①员工身份验证：企业通过密码认证、生物识别和智能卡等方式，对员工进行身份验证，防止未经授权的人员访问公司内部系统和数据。

②权限管理：企业采用多因素认证技术，根据员工的身份和角色分配访问权限，确保敏感数据和系统资源的安全。通过权限管理系统，企业可以精细化控制员工的访问权限，防止数据泄露和滥用。

2. 考勤和门禁管理

身份认证技术在企业考勤和门禁管理中也发挥着重要作用，通过指纹识别、面部识别和智能卡等，确保考勤数据的准确性和门禁系统的安全性。

①指纹考勤：指纹考勤系统通过扫描员工的指纹记录考勤数据，防止代打卡和考勤作弊。指纹考勤系统具有操作简便、数据准确的优点，被广泛应用于各

类企业和机构。

②面部识别考勤：面部识别考勤系统利用摄像头捕捉员工的面部图像进行考勤记录，提供无接触的考勤方式。面部识别考勤系统适用于需要高效考勤管理的大型企业和公共场所。

③智能门禁：智能门禁系统结合指纹识别、面部识别和智能卡等身份验证方式，确保只有授权人员可以进入企业内部区域。智能门禁系统还可以与企业的安全监控系统联动，提供全面的安全防护。

（三）金融服务中的身份认证

1. 网上银行和移动支付

随着网上银行和移动支付的普及，身份认证技术在金融服务中的应用越来越重要，确保用户的资金和账户安全。

①双因素认证：网上银行和移动支付系统广泛采用双因素认证技术，通过密码和一次性密码（OTP）或生物识别的组合，提供更高的安全性。双因素认证可以有效防止账户被盗和资金被窃取。

②生物识别支付：指纹支付和面部识别支付技术在移动支付中得到广泛应用，提供便捷且安全的支付方式。通过生物识别支付，用户无需记住复杂的密码，降低了支付过程中的风险。

2. 自动取款机（ATM）

ATM 系统中的身份认证技术也在不断升级，结合生物识别和多因素认证技术，提供更高的安全性。

①指纹识别 ATM：一些银行的 ATM 设备配备了指纹识别功能，用户通过指纹验证取款，防止银行卡和密码被盗用。指纹识别 ATM 提高了取款过程的安全性和便捷性。

②面部识别 ATM：面部识别 ATM 通过摄像头捕捉用户的面部图像进行身份验证，提供无接触的取款方式。面部识别 ATM 在防止欺诈和提高用户体验方面具有显著优势。

（四）医疗卫生中的身份认证

1. 电子病历和健康档案

身份认证技术在医疗卫生领域的应用，确保了电子病历和健康档案的安全性和隐私性，防止未经授权的访问和数据泄露。

①患者身份验证：医院和诊所通过指纹识别、面部识别和智能卡等方式，对患者进行身份验证，确保电子病历和健康档案的准确性和安全性。身份验证系统防止患者信息被误用或篡改，提高了医疗服务的质量。

②医生和护士身份验证：医疗机构对医生和护士的身份验证至关重要，通过多因素认证技术，确保只有经过授权的医护人员可以访问患者的敏感信息和进行医疗操作。多因素认证技术提高了医疗数据的安全性和患者的隐私保护。

2. 远程医疗

远程医疗中的身份认证技术，确保了医生和患者之间的交流和数据传输的安全性，提供可信的医疗服务。

①视频身份验证：远程医疗平台通过视频通话进行身份验证，确保医生和患者的身份真实性。视频身份验证技术防止身份冒用和欺诈行为，提高了远程医疗服务的可信度。

②数字签名和加密：远程医疗平台采用数字签名和加密技术，确保医疗数据在传输过程中的安全性和完整性。数字签名和加密技术防止数据被窃取或篡改，保护了患者的隐私和医疗服务的安全性。

（五）政府和公共服务中的身份认证

1. 电子政务

电子政务中的身份认证技术，确保了公民和政府之间的交流和数据传输的安全性，提高了政府服务的效率和可信度。

①电子身份证：许多国家采用电子身份证技术，通过智能卡或生物识别技术，对公民进行身份验证，确保电子政务服务的安全性和便捷性。电子身份证提高了政府服务的效率，减少了身份验证的复杂性和错误率。

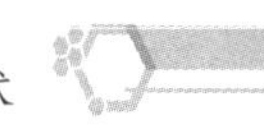

②在线身份验证：政府网站和服务平台通过多因素认证技术，对用户进行在线身份验证，确保只有经过授权的用户可以访问敏感数据和进行重要操作。多因素认证技术提高了电子政务服务的安全性和用户体验。

2. 公共安全

身份认证技术在公共安全领域的应用，确保了公共场所和重要设施的安全性，避免了犯罪和恐怖活动。

①机场和车站：机场和车站等重要交通枢纽通过指纹识别、面部识别和虹膜识别等多种身份验证方式，确保乘客和工作人员的身份真实性，提高了公共交通的安全性。

②政府大楼和重要设施：政府大楼和重要设施通过智能门禁系统和生物识别技术，对工作人员和访客进行身份验证，确保只有经过授权的人员可以进入，提高了公共设施的安全防护。

第三节　入侵检测与防御系统

入侵检测与防御系统是保护网络和信息系统安全的重要组成部分。它们通过监测和分析网络流量、系统活动等，识别和阻止潜在的攻击和威胁。主要包括入侵检测系统（IDS）、入侵防御系统（IPS）和防火墙技术。

一、入侵检测系统

入侵检测系统（Intrusion Detection System，IDS）是一种用于监测网络或系统中可疑活动和潜在攻击的安全设备。

（一）工作原理

IDS 通过监控网络流量和系统日志，识别和分析异常行为或攻击迹象。一旦发现异常，IDS 会生成警报通知管理员。IDS 通常包括网络入侵检测系统（NIDS）和主机入侵检测系统（HIDS）。

1. NIDS

NIDS 是网络安全的守护者，它位于网络的关键节点或边界处，时刻注视着网络流量的动态变化。NIDS 基于对网络数据包的深度解析和行为分析，通过预设的规则集和先进的算法，能够识别那些与正常网络行为相悖的异常模式。

NIDS 首先捕获流经其监控范围的网络数据包。这些数据包包含了丰富的信息，如源地址、目标地址、端口号、协议类型以及负载数据等。通过对这些数据包进行深入分析，NIDS 能够识别出潜在的攻击行为。例如，它可以检测到大量的异常连接尝试、非法的数据包格式，或者是针对特定漏洞的利用尝试。

除了对单个数据包的分析，NIDS 还具备行为模式识别的能力。它能够根据网络流量的整体趋势和模式，识别出潜在的攻击活动。例如，当某个 IP 地址在短时间内向多个目标发送大量的连接请求时，NIDS 可能会将其标记为扫描行为或 DDoS 攻击的前兆。

一旦发现异常行为或攻击迹象，NIDS 会立即生成警报通知管理员。这些警报通常包含了详细的攻击信息、时间戳、源地址和目标地址等关键信息，有助于管理员快速定位并处理安全事件。同时，一些高级的 NIDS 系统还支持与防火墙、IPS（入侵防御系统）等安全设备的联动，实现自动化的安全响应。

2. HIDS

与 NIDS 不同，HIDS 的监控范围聚焦于主机系统本身。它通过对主机系统的日志文件、系统调用、文件完整性等进行监控和分析，检测并报告主机上的异常活动和潜在攻击。

HIDS 首先会监控主机系统的日志文件。这些日志文件中记录了系统运行的各种信息，如用户登录记录、系统启动过程、进程运行情况等。通过对这些日志的实时分析和历史比对，HIDS 能够识别出那些与正常操作不符的异常行为。例如，某个用户突然尝试访问未授权的文件或执行未知的程序时，HIDS 可能会触发警报。

除了日志监控，HIDS 还会对主机系统的系统调用进行监控。系统调用是操

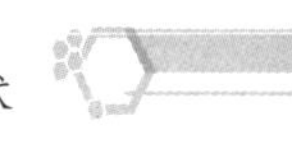

作系统提供给用户程序的接口，用于执行各种底层操作。通过对系统调用的监控和分析，HIDS 能够检测到那些可能由恶意程序引起的异常行为。例如，当某个进程尝试修改关键系统文件或执行敏感操作时，HIDS 会立即进行响应。

文件完整性是主机系统安全性的重要保障。HIDS 通过定期或实时地检查系统文件的哈希值等校验信息，确保文件的完整性和未被篡改。一旦检测到文件被修改或删除等异常情况，HIDS 会立即生成警报并通知管理员进行处理。

（二）优势

IDS 的主要优势是可以实时监测和检测网络攻击，提供详细的攻击分析和报告，帮助管理员快速响应和处理安全事件。此外，IDS 能够记录和保存攻击日志，便于事后分析和取证。

1. 实时监控

IDS 的实时监控功能最引人注目。在数字化时代，网络攻击往往具有突发性、隐蔽性和多样性，传统的安全防御手段难以做到实时响应。而 IDS 通过部署在网络的关键节点，能够不间断地监控网络和系统活动，对任何异常行为进行捕捉和分析。这种实时监控的能力，使 IDS 能够在攻击发生的初期就迅速识别并响应，有效遏制了攻击的扩散和破坏。

具体来说，IDS 通过捕获网络数据包、分析系统日志等方式，对网络流量和系统行为进行深度解析。一旦发现异常流量、恶意软件、未授权访问等安全威胁，IDS 会立即触发警报，并将相关信息传递给管理员。这种实时反馈机制，为管理员提供了宝贵的“黄金时间”，使他们能够迅速介入并采取措施，将安全威胁扼杀在摇篮之中。

2. 详细分析

IDS 不仅仅是一个简单的威胁识别工具，它更是一个强大的攻击分析工具。当 IDS 检测到安全威胁时，它会启动详细的分析流程，对攻击行为进行深入的剖析。这种分析不仅包括攻击的类型、来源、目标等基本信息，还涉及攻击的手法、使用的工具、可能造成的后果等多个方面。

通过详细的分析，IDS 能够为管理员提供一份详尽的攻击报告。这份报告不仅能够帮助管理员了解攻击的性质和来源，还能够揭示攻击者的动机和目的。在此基础上，管理员可以更加准确地评估攻击的危害程度，并制定相应的防御措施。例如，针对特定的攻击手法和工具，管理员可以升级安全策略、加强系统防护、提高用户安全意识等，从而构建更加坚固的网络安全防线。

3. 攻击日志

除了实时监控和详细分析，IDS 还具备记录和保存攻击日志的能力。这些日志记录了网络攻击的全过程，包括攻击的时间、地点、方式、结果等多个方面。对于管理员来说，这些日志是事后分析和取证的宝贵资源。

通过查阅攻击日志，管理员可以回顾攻击的全过程，了解攻击的具体细节和危害程度。同时，这些日志还可以作为法律依据和技术支持，帮助管理员在应对法律纠纷或技术挑战时占据有利地位。例如，在发生数据泄露或网络攻击事件时，管理员可以通过攻击日志来追溯攻击的来源和路径，为后续的追责和赔偿提供有力证据。

（三）劣势

IDS 的主要劣势是可能产生大量误报和漏报，增加管理员的工作负担。此外，IDS 只能被动监测和检测攻击，无法主动防御和阻止攻击。

1. 误报

误报是 IDS 使用过程中最为显著且棘手的问题之一。其根源在于 IDS 在尝试识别网络中的异常行为时，往往依赖复杂的算法和规则库。然而，网络环境的多样性和动态性使这些规则很难做到百分之百的精确。例如，一些看似异常的流量模式，可能仅仅是由于网络配置变更、软件更新或用户行为的自然变化导致的，而非真正的恶意攻击。当 IDS 错误地将这些正常活动归类为攻击行为时，就会产生误报。

误报不仅会导致管理员频繁收到错误的警报，增加他们的工作负担，还可能引发不必要的应急响应，浪费宝贵的时间和资源。更糟糕的是，长此以往，管

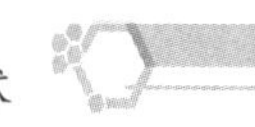

理员可能会对 IDS 的警报产生“警报疲劳”，即因为频繁接收到无效警报而逐渐降低对警报的重视程度，从而错过真正的攻击警报。因此，提高 IDS 的精准度，减少误报，是提升 IDS 整体效能的关键所在。

2. 漏报

与误报相对应的是漏报问题。漏报指的是 IDS 未能检测到实际发生的攻击行为。这种情况通常发生在攻击者采用高度隐蔽或复杂的攻击手段时，如零日漏洞利用等。这些攻击手段往往能够绕过传统的检测机制，使 IDS 难以捕捉到攻击的迹象。

漏报问题的存在，无疑是对网络安全的重大威胁。一旦攻击成功，就可能造成数据泄露、系统瘫痪等严重后果。为了降低漏报率，IDS 需要不断更新和完善其检测规则库，引入更先进的检测技术和方法，如机器学习、人工智能等，以提高对未知攻击和隐蔽攻击的识别能力。

3. 被动防御

除了误报和漏报问题，IDS 的另一个显著劣势在于其只能被动监测和检测攻击，而无法主动防御和阻止攻击。这意味着，即使 IDS 成功识别出了攻击行为，也需要由其他防御措施（如防火墙、入侵防御系统 IPS 等）来实际阻断攻击。这种“事后诸葛亮”的防御方式，显然无法完全满足现代网络安全的需求。

二、入侵防御系统

入侵防御系统（Intrusion Prevention System，IPS）是一种在 IDS 基础上增加主动防御功能的安全设备。

（一）工作原理

IPS 通过监控网络流量和系统日志，识别和分析异常行为或攻击迹象。一旦发现异常，IPS 不仅会生成警报，还会自动采取防御措施，如阻断攻击流量、关闭受攻击端口等。IPS 通常包括网络入侵防御系统（NIPS）和主机入侵防御系统（HIPS）。

1. 网络入侵防御系统

NIPS 是现代网络安全体系的核心组件之一，其重要性不言而喻。在数字时代，网络攻击已成为企业和个人面临的巨大威胁，而 NIPS 正是应对这一挑战而设计的。该系统通过深入监控网络流量，能够实时分析数据包的来源、目的地、内容以及传输方式等关键信息，从而识别和阻止任何形式的异常活动和潜在攻击。

NIPS 基于先进的检测技术和智能分析算法，能够识别出网络流量中的恶意模式，如病毒、蠕虫、木马等恶意软件的传播行为，以及 DDoS（分布式拒绝服务）攻击、SQL 注入等常见的网络攻击手段。一旦检测到这些异常活动，NIPS 会立即生成警报，通知网络管理员或安全团队。更重要的是，NIPS 还能够自动阻断攻击流量，防止其进一步渗透和破坏网络系统。

除了实时防御功能，NIPS 还具备强大的日志记录和报告功能。它能够详细记录所有被检测到的网络活动和事件，包括正常的和异常的，为后续的安全审计和事件调查提供重要依据。此外，NIPS 还能够生成详细的报告，帮助网络管理员了解网络安全的整体状况，及时发现和解决潜在的安全隐患。

2. 主机入侵防御系统

与 NIPS 相对应的是 HIPS。HIPS 关注主机系统的安全保护，通过监控主机系统的日志文件、系统调用、文件完整性等关键信息，识别和阻止主机上的异常活动和潜在攻击。与 NIPS 相比，HIPS 更加关注于主机内部的安全状况，能够实时保护主机系统免受各种形式的攻击和威胁。

HIPS 同样基于先进的检测技术和智能分析算法，能够实时监控主机系统的运行状态，分析系统调用、文件访问、注册表修改等关键操作，从而识别出任何形式的异常行为和潜在攻击。一旦检测到这些异常活动，HIPS 会立即采取措施进行阻止，如阻止恶意软件的执行、阻止非法文件的访问等。同时，HIPS 还能够生成警报和日志记录，帮助管理员及时发现和解决安全问题。

（二）优势

IPS 的主要优势是能够实时检测和阻止网络攻击，减少攻击对系统的影响。

此外，IPS 能够自动响应和处理安全事件，提高了防御效率和响应速度。

1. 主动防御

从主动防御的角度看，IPS 的实时检测机制最引人注目。与传统的安全解决方案相比，IPS 不仅仅是在攻击发生后进行记录和分析，而是能够在攻击发生的瞬间进行识别和拦截。这种主动出击的策略，有效地遏制了恶意流量进入网络内部，从而保护了关键数据和业务系统的安全。IPS 通过深度分析网络流量，利用先进的算法和模式识别技术，能够精准地识别出各种已知和未知的攻击行为，包括但不限于病毒、蠕虫、木马、DDoS 攻击等。

2. 自动响应

在检测到安全事件后，IPS 能够迅速启动预设的响应机制，自动执行一系列防御操作，如阻断攻击源、隔离受感染设备、记录攻击日志等。这种自动化的响应流程，不仅减轻了安全运维人员的负担，还显著提高了防御效率和响应速度。通过减少人工干预的环节，IPS 确保了安全事件能够得到及时、有效的处理，从而避免了事态的进一步恶化。

3. 综合防护

IPS 不再依赖于单一的防御手段来应对网络攻击，而是将多种防御策略和技术手段有机地结合，形成了一个全方位、多层次的安全防护体系。这种综合防护的策略，使 IPS 能够更好地适应复杂多变的网络环境，提高系统的整体安全性。例如，IPS 可以与防火墙、入侵检测系统等其他安全设备进行联动，共同构建一个更加坚固的安全防线。

（三）劣势

IPS 的主要劣势是可能产生误报，导致正常流量被误阻断，影响系统的正常运行。此外，IPS 的配置和管理较为复杂，需要较高的专业知识和技能。

1. 误报风险

由于 IPS 的工作原理是实时监测并分析网络流量，以识别并阻止潜在的恶意活动，这一过程中，它依赖复杂的算法和规则库来判定何为正常行为，何为异常攻击。然而，由于网络环境的复杂性和多变性，这些规则和算法可能无法完美适应所有情况，从而导致误判。当 IPS 将正常的网络活动误判为攻击行为时，就会触发阻断机制，使合法的流量被错误地拦截。这不仅会干扰正常的网络通信，还可能导致关键服务的中断，对企业造成不必要的损失。因此，如何降低误报率，提高 IPS 的准确性和可靠性，是业界一直在努力解决的问题。

2. 配置复杂

为了充分发挥 IPS 的防护作用，管理员需要对其进行详细的配置，包括设置规则、调整参数、定义策略等。这些配置工作不仅烦琐，而且要求管理员具备较高的专业知识和技能。一旦配置不当，就可能导致 IPS 无法正常工作，甚至产生更严重的安全问题。此外，随着网络环境的不断变化和攻击手段的日益更新，管理员还需要定期对 IPS 进行维护和更新，以确保其能够持续有效地抵御新的威胁。这无疑增加了管理员的工作负担和企业的运营成本。

3. 资源消耗

IPS 需要实时分析大量的网络流量数据，并对其进行深度检测和过滤，因此会占用较多的系统资源。这些资源包括 CPU、内存、存储以及网络带宽等。如果 IPS 的部署不当或配置不合理，就可能导致系统资源的过度消耗，影响系统的整体性能和稳定性。特别是在高流量的网络环境中，IPS 的资源消耗问题可能会更加突出。

三、防火墙技术

防火墙技术（Firewall Technology）是一种通过过滤和控制网络流量来保护内部网络免受外部威胁的安全设备。

（一）工作原理

防火墙通过预设的安全策略，过滤进出网络的数据包，允许合法流量通过，阻止非法流量。防火墙技术包括包过滤防火墙、状态检测防火墙和代理防火墙等。

1. 包过滤防火墙

防火墙技术的多样性，使其能够在不同场景下发挥出最大的效用。其中，包过滤防火墙以其实现简单、效率较高的特点，成为许多网络环境的首选。它主要通过分析数据包的源地址、目的地址、端口号等关键信息，判断该数据包是否应该被允许通过。这种基于规则的过滤方式，虽然无法深入数据包的内容层面进行检查，但已经能够有效地阻挡大部分非法流量的入侵。当然，这也意味着包过滤防火墙在面对一些高级或复杂的攻击手段时，可能会显得力不从心。

2. 状态检测防火墙

状态检测防火墙是在包过滤防火墙的基础发展起来的，增加了对数据包状态的检测功能。这种防火墙能够跟踪和维护网络连接的状态信息，如连接的建立、维持和终止等，从而更加准确地判断数据包的合法性。通过这种方式，状态检测防火墙能够有效地检测并阻止基于状态的攻击，如 TCP SYN 洪水攻击等。这种攻击方式通常利用 TCP 协议的特性，通过发送大量的半开连接请求来消耗服务器的资源，从而达到攻击的目的。而状态检测防火墙则能够识别出这些异常的连接请求，并将其拦截在门外。

3. 代理防火墙

除了包过滤防火墙和状态检测防火墙，还有一种更为高级的防火墙技术——代理防火墙。代理防火墙的工作方式更为复杂，它需要在客户端和服务器之间建立一个代理连接，然后控制和过滤通过这个连接的数据流。这种防火墙的优势在于它能够对应用层的数据进行深度检测和过滤，从而提供更加全面和深入的安全保护。代理防火墙不仅可以检查数据包的内容，还可以根据应用层协议的特点来制定更加精细的安全策略。例如，在 HTTP 协议中，代理防火墙可以检查请求和响应的头部信息、URL 地址以及传输的数据内容等，从而防止恶意代码的注入和数据泄露等安全问题的发生。

（二）优势

防火墙技术的主要优势是能够有效隔离内部网络和外部网络，阻止未经授权的访问和攻击。此外，防火墙能够记录和分析网络流量，提供详细的安全日志和报告，帮助管理员监控和管理网络安全。

1. 网络隔离

防火墙的首要职责，便是为内部网络筑起一道坚不可摧的防线，将其与纷繁复杂的外部网络有效隔离。这种隔离机制不仅限制了外部用户直接访问内部网络资源，还大大减少了恶意软件、病毒及黑客攻击等潜在威胁的入侵途径。具体而言，防火墙通过预设的安全策略，对进出网络的数据包进行严格审查，只有符合既定规则的数据包才被允许通过，从而实现了对网络环境的精细化控制。

此外，防火墙的隔离作用还体现在对内部网络的分层保护上。在大型企业或复杂网络环境中，防火墙常被部署在多个层级，形成多层防御体系。这种架构不仅提升了整体防御能力，还使各层级之间的网络访问更加有序、可控，进一步降低了安全风险。

2. 流量过滤

防火墙的流量过滤功能是其另一大亮点。在数据洪流中，防火墙如同一位严谨的守门人，对每一份试图穿越边界的数据包进行细致入微的检查。这一过程涉及多个方面，包括但不限于数据包的源地址、目的地址、端口号、协议类型等关键信息。通过对比预设的过滤规则，防火墙能够迅速识别并拦截那些不符合安全要求的数据包，有效阻止非法流量和恶意数据包的传播。

值得注意的是，随着网络攻击技术的不断演进，防火墙的流量过滤能力也在持续升级。现代防火墙不仅支持基于规则的简单过滤，还融入了智能分析、行为检测等先进技术，能够更加精准地识别并应对复杂多变的网络威胁。

3. 安全日志

防火墙的安全日志功能是其不可或缺的辅助工具。它像是一位忠实的记录者，时刻关注着网络的一举一动，将所有经过防火墙的数据包信息、安全事件及处理结果等关键数据详细记录下来。这些日志不仅为管理员提供了宝贵的网络安全历史数据，还为后续的安全分析、故障排查及合规审计等工作提供了重要依据。

通过对安全日志的深入分析，管理员可以及时发现网络中的潜在威胁和安全隐患，并据此调整和优化安全策略。同时，这些日志数据还可以用于生成详细的安全报告，向企业高层或监管部门展示网络安全状况及防护成效，为企业的持续发展保驾护航。

（三）劣势

防火墙技术的主要劣势是无法防御所有类型的网络攻击，特别是应用层攻击和内部威胁。此外，防火墙的配置和管理较为复杂，需要较高的专业知识和技能，错误配置可能导致安全漏洞和性能问题。

1. 局限性

防火墙作为网络安全的第一道防线，其设计初衷在于通过预设的规则集来监控进出网络的数据包。然而，随着网络攻击技术的不断演进，防火墙的这一传统防御模式正面临严峻挑战。特别是对于应用层攻击，如 SQL 注入、跨站脚本（XSS）等，这些攻击往往隐藏在看似合法的网络请求中，绕过防火墙的初步检查，直接针对应用层的脆弱性进行攻击。这类攻击难以通过简单的包过滤或状态检测来识别，使防火墙在防御时显得力不从心。

此外，内部威胁也是防火墙难以防范的一大难题。内部员工或具有内部访问权限的第三方可能利用对系统架构和业务流程的熟悉，绕过防火墙的安全策略，进行非法操作或数据窃取。这种来自内部的攻击往往更加隐蔽和难以追踪，对组织的安全构成巨大威胁。

2. 配置复杂

防火墙的配置和管理是一项高度专业化的工作，需要管理员具备深厚的网络知识和丰富的实践经验。防火墙规则的设置需要精确无误，既要确保安全策略的有效实施，又要避免误报和漏报导致的服务中断。然而，在实际操作中，由于网络环境的复杂性和多变性，以及防火墙产品本身功能的多样性和灵活性，配置工作变得异常烦琐和复杂。稍有不慎，就可能因为配置错误而引入新的安全漏洞或导致性能下降。

更为严重的是，错误的配置还会为攻击者提供可乘之机。攻击者可能会利用防火墙配置中的漏洞，绕过安全策略进行攻击。此外，随着组织业务的不断发展和网络架构的调整，防火墙的配置也需要不断更新和优化，这对管理员的专业能力和责任心提出了更高的要求。

3. 性能影响

防火墙在保护网络安全的同时，也需要处理大量的网络流量。随着网络带宽的不断提升和业务应用的日益丰富，防火墙需要处理的数据量呈指数级增长。这对防火墙的性能提出了更高的要求，包括处理能力、存储能力和带宽利用率等方面。然而，在实际应用中，防火墙的性能往往受到多种因素的制约，如硬件资源的限制、软件算法的效率以及网络拓扑结构的影响等。

当防火墙面临高负载时，可能会出现性能瓶颈，导致数据包的延迟、丢失或处理错误等问题。这不仅会影响网络服务的可用性和可靠性，还可能为攻击者提供攻击的机会。此外，防火墙在处理网络流量的过程中还会消耗大量的计算资源和内存资源，这可能对系统的整体性能产生负面影响。

四、入侵检测与防御系统的综合应用

在实际应用中，IDS、IPS 和防火墙技术常常综合使用，以提供全面的网络安全防御。

（一）综合防御体系

综合防御体系结合 IDS、IPS 和防火墙技术，提供了多层次、多方位的安全防护。防火墙作为第一道防线，过滤和控制进出网络的流量，阻止非法访问和恶意数据包。IDS 作为第二道防线，实时监测网络和系统活动，识别和检测潜在攻击。IPS 作为第三道防线，不仅能检测攻击，还能主动阻止攻击，提供更高的安全防护。

①防火墙的基础防御：防火墙提供基础的网络隔离和流量过滤，防止未经授权的访问和攻击。

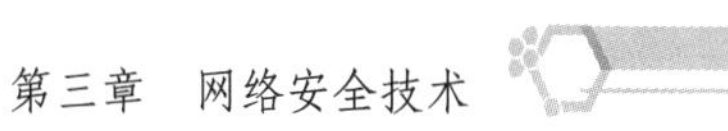

② IDS 的实时监测：IDS 实时监测网络和系统活动，识别和检测潜在攻击，提供详细的攻击分析和报告。

③ IPS 的主动防御：IPS 不仅能检测攻击，还能主动阻止攻击，提高防御效率和响应速度。

（二）协同工作机制

在综合防御体系中，IDS、IPS 和防火墙需要协同工作，共同应对网络攻击和安全威胁。通过集成和互联，IDS、IPS 和防火墙能够共享信息和数据，形成统一的安全防御平台。

①信息共享：IDS、IPS 和防火墙之间共享攻击信息和安全事件，提高整体防御能力。

②策略联动：根据 IDS 和 IPS 的检测结果，动态调整防火墙策略，增强防御效果。

③统一管理：通过统一的安全管理平台，对 IDS、IPS 和防火墙进行集中管理和配置，提高管理效率和安全效果。

第四章

网络安全管理

第一节 网络安全政策与法规

网络安全政策与法规是保障网络空间安全的基石。国际国内的网络安全法律框架和企业的网络安全政策构成了一个完整的网络安全治理体系，确保信息和数据的安全性、完整性和可用性。

一、国际网络安全法律框架

国际网络安全法律框架旨在协调各国的网络安全政策，促进全球网络空间的安全与稳定。主要包括以下几个方面。

（一）国际合作组织与公约

国际合作组织和公约在全球范围内促进网络安全协调和治理，旨在建立一个共同的法律和政策基础。

1. 国际电信联盟（ITU）

ITU 是联合国的一个专门机构，负责全球信息通信技术事务。ITU 致力于制定全球性的网络安全标准和规范，促进各国之间的合作与协调。通过组织各种会议和论坛，ITU 为各国提供了一个交流和合作的平台，推动全球网络安全的进步。ITU 的网络安全倡议（GCA）是其主要项目之一，旨在提高各国的网络安全能力，

推动信息共享和合作应对网络威胁。

2. 布达佩斯网络犯罪公约

布达佩斯网络犯罪公约是第一个也是唯一一个专门针对网络犯罪的国际公约，旨在协调成员国的法律制度，促进司法合作。该公约涵盖了非法访问、数据干扰、系统干扰和数据窃取等多种网络犯罪行为，并为成员国提供了相关的法律框架和合作机制。公约还强调了国际合作的重要性，通过信息共享、培训和技术援助等方式，帮助各国提高打击网络犯罪的能力。

3. 北大西洋公约组织（NATO）

NATO在网络安全领域也扮演着重要角色。NATO通过其网络防御中心（CCDCOE）进行网络安全研究和培训，帮助成员国提高网络防御能力。NATO还通过网络防御政策和合作计划，促进成员国之间的信息共享和合作，增强集体防御能力。

4. 联合国网络安全议程

联合国通过其各个机构和项目推动全球网络安全议程。例如，联合国开发计划署（UNDP）在许多国家实施网络安全项目，提供技术援助和能力建设，帮助这些国家建立和维护强有力的网络安全基础设施。联合国还通过各种国际会议和论坛，促进全球网络安全政策的协调和合作。

（二）区域性网络安全协议

区域性网络安全协议通过加强区域内各国的合作与协调，提升整体网络安全水平。

1. 欧洲网络安全战略

欧洲网络安全战略是欧盟为应对网络安全挑战而制定的一系列政策和措施。该战略包括提高网络弹性、减少网络犯罪、加强合作等多个方面，并通过欧盟网络安全机构（ENISA）实施具体的行动计划，推动成员国之间的协同合作。ENISA还负责制定网络安全指南和最佳实践，为成员国提供技术支持和培训，提升区域内的网络安全能力。

2. 亚太网络安全合作

亚太经合组织（APEC）通过一系列的合作机制，促进各成员在网络安全领域的交流与合作。APEC 网络安全论坛（CSF）是其中一个重要的平台，各成员通过该平台分享信息、技术和最佳实践，共同提升区域内的网络安全水平。APEC 还通过能力建设项目，帮助发展中国家提高网络安全技术和管理能力，促进区域内的网络安全平衡发展。

3. 非洲网络安全合作

非洲联盟（AU）通过《非洲网络安全和网络犯罪法律框架》，推动非洲国家在网络安全领域的合作。该框架旨在提高非洲国家的网络安全能力，促进信息共享和合作应对网络威胁。非洲联盟还通过区域合作机制，帮助成员国提高网络安全意识和技术水平，推动非洲地区的网络安全发展。

4. 美洲国家组织（OAS）网络安全计划

OAS 通过其网络安全计划，推动美洲国家在网络安全领域的合作与协调。OAS 的网络安全计划包括网络安全能力建设、政策制定支持和信息共享平台等，旨在提升美洲国家的整体网络安全水平。OAS 还与私营部门和国际组织合作，提供技术援助和培训，提高成员国的网络安全能力。

（三）国际网络安全标准

国际网络安全标准为各国和组织提供了统一的技术和管理规范，确保网络安全措施的一致性和有效性。

1. ISO/IEC27001

ISO/IEC27001 是国际标准化组织和国际电工委员会（IEC）共同发布的一个信息安全管理体系标准。该标准为组织提供了建立、实施、维护和持续改进信息安全管理体系的框架，帮助组织有效管理信息安全风险。通过认证的组织能够证明其信息安全管理符合国际标准，提高客户和合作伙伴的信任度。

2. NIST 网络安全框架

美国国家标准与技术研究院（NIST）发布的网络安全框架为组织提供了识

别、保护、检测、响应和恢复五个关键功能的指南。该框架广泛适用于各类组织，帮助它们提高网络安全防护能力和应对网络威胁的能力。NIST 框架的灵活性使其能够根据不同组织的规模和需求进行调整，提供了一个通用的网络安全管理方法。

3. 支付卡行业数据安全标准（PCIDSS）

PCIDSS 是一个全球性的信息安全标准，旨在保护支付卡信息的安全。该标准由支付卡行业安全标准委员会（PCISSC）制定，适用于所有处理、存储或传输支付卡数据的组织。PCIDSS 要求组织实施严格的安全控制措施，如加密、访问控制和监控，确保支付卡数据的机密性和完整性。

4. 通用数据保护条例（GDPR）

虽然 GDPR 是一部欧盟法律，但由于其对全球企业的数据处理活动提出了严格的要求，已经成为一种全球性的数据保护标准。GDPR 要求所有在欧盟范围内处理个人数据的企业，无论其总部位于何处，都必须遵守其规定。这包括实施严格的数据保护措施、提供数据主体权利、进行数据保护影响评估等。

二、各国网络安全法律法规

各国在网络安全领域都有自己的法律法规，旨在保障国家网络空间的安全和稳定。以下是一些主要国家和地区的网络安全法律法规。

（一）中国

中国在网络安全方面制定了一系列法律法规，旨在保护国家安全、公共利益和公民个人信息。

1.《中华人民共和国网络安全法》

《中华人民共和国网络安全法》于 2017 年 6 月 1 日正式实施，旨在应对中国互联网快速发展过程中日益突出的网络安全问题。这部法律源于网络攻击、数据泄露和网络犯罪等威胁的不断增加，目的是保障国家网络空间的安全和稳定。其核心作用在于明确了网络运营者的安全保护义务、网络产品和服务的安全要求以及网络信息的保护规范。具体而言，法律要求网络运营者采取技术措施和其他必要措施，确保网络和信息系统的安全，并对网络安全事件进行及时、有效的处理和报告。这一法律的出台，不仅是中国在网络安全立法领域的重要里程碑，更为保障国家网络空间的安全和公民个人信息的保护提供了坚实的法律基础。

2.《中华人民共和国数据安全法》

《中华人民共和国数据安全法》于 2021 年 9 月 1 日正式实施，旨在应对数据作为重要生产要素和战略资源所带来的安全挑战。随着数据泄露、滥用和跨境流动等问题的日益严峻，这部法律的出台显得尤为重要。它强调了国家对重要数据的保护责任，为数据处理者设立了严格的安全管理标准，并明确了违法行为的法律责任。该法要求数据处理者必须建立健全的数据安全管理体系，采取包括技术措施在内的多种必要手段，以确保数据的安全。这不仅为数据安全管理提供了坚实的法律基础，还进一步完善了中国的数据保护法律体系，提升了整体的数据安全保护水平。

3.《中华人民共和国个人信息保护法》

《中华人民共和国个人信息保护法》于 2021 年 11 月 1 日正式实施。这部法律的出台，源于个人信息泄露、滥用和侵犯隐私等问题的日益严峻，公众对个人信息保护的迫切需求。该法旨在规范个人信息处理者的行为，强化个人信息保护，维护公民的个人信息权益。具体而言，《个人信息保护法》对个人信息处理者提出了明确的要求，包括明确个人信息处理的目的、方式和范围，并征得个人同意。这些规定旨在确保个人信息的合法、安全使用，防止个人信息被滥用或泄露。同时，该法还规定了个人信息处理者的法律责任，对违法行为进行了严格的惩处。

作为中国个人信息保护领域的基础性法律，《个人信息保护法》的出台具有深远的意义。它不仅为公民个人信息的保护提供了法律保障，还提升了个人信息处理的透明度和合规性。通过加强个人信息保护，该法有助于增强公民的隐私保护意识，推动社会形成尊重和保护个人信息的良好风尚。

4.《网络产品和服务安全审查办法》

《网络产品和服务安全审查办法》于2020年6月1日正式实施，旨在应对网络产品和服务广泛应用带来的安全挑战。该办法不仅明确了安全审查的标准和流程，还强调了供应商需提交详尽的安全评估报告，以确保其产品服务不会危害国家安全。这一法规的出台，不仅为网络产品和服务的安全管理提供了坚实的法律支撑，还显著提升了其安全保障水平，对于维护国家安全和公共利益具有重要意义。

5.《中华人民共和国电子商务法》

《中华人民共和国电子商务法》于2019年1月1日正式实施。这部法律的出台，是电子商务迅猛发展，信息安全和消费者权益保护问题日益凸显的必然结果。它不仅对电子商务经营者的信息披露义务、消费者权益保护、数据保护和信息安全等方面进行了规范，还明确要求电子商务平台及经营者必须采取有效安全措施，以确保网络交易环境的安全稳定。该法的颁布实施，不仅为电子商务活动的规范化提供了法律支撑，也为消费者权益的保障筑起了坚实的法律屏障。对于促进电子商务行业的健康有序发展，推动中国经济的转型升级，具有深远的意义。

6.《网络安全等级保护条例》

《网络安全等级保护条例》于2007年6月22日出台，并在2018年12月1日实施了修订版。该条例的制定是为了应对日益复杂的网络安全威胁，提升中国的网络安全防护能力。该条例明确了网络安全等级保护的基本原则、评定标准和管理要求，要求所有网络运营者依据网络安全等级保护制度，进行安全评估和防护，以保障网络和信息系统的安全。作为中国网络安全防护的重要法规，该条例通过实施分级管理和防护，有效提升了网络安全防护水平，显著增强了网络安全的整体防护能力。

（二）美国

美国在网络安全方面的法律体系以保护国家安全和公民隐私为核心，涵盖多个层面和领域。

1.《联邦信息安全管理法案》(FISMA)

FISMA 于 2002 年 12 月 17 日正式出台，旨在应对信息技术快速发展下联邦政府信息系统面临的安全威胁。该法案不仅要求联邦机构构建并维护信息安全管理体系，还对信息安全评估、报告及持续监控进行了详细规定，以确保联邦信息系统的安全与稳定运行。作为美国联邦政府信息安全领域的基石，FISMA 不仅为信息安全管理提供了坚实的法律支撑，还显著提升了联邦信息系统的安全防护能力，有效保护了公民的隐私与信息安全。

2.《美国网络安全增强法案》

《美国网络安全增强法案》于 2014 年 12 月 18 日正式出台，背景是日益严峻的网络攻击和网络犯罪形势。为应对这些挑战，该法案旨在加强对国家网络安全基础设施的保护，并提升应对网络威胁的能力。法案着重强调公共与私营部门的紧密合作，通过推动信息共享和协同防御机制，全面提升国家整体的网络安全防护水平。这一举措不仅增强了国家网络安全的防御能力，还体现了公私合作在维护网络安全中的重要作用，是美国网络安全领域的重要里程碑。

3.《加州消费者隐私法案》(CCPA)

CCPA 于 2018 年 6 月 28 日正式出台，其诞生背景是个人信息收集与使用的广泛化所带来的隐私保护问题。加利福尼亚州特制定了此法案，旨在强化消费者的隐私权保护。

CCPA 对加州居民赋予了丰富的隐私权益，涵盖了知情权、访问权及删除权。它明确要求企业采取必要措施，确保消费者的数据安全，并在收集与使用个人信息时保持高度透明。这一法案的出台，不仅为消费者提供了更为坚实的隐私保护屏障，还推动了美国数据保护法律体系的进一步发展。

从意义层面来看，CCPA 作为美国数据保护领域的重要里程碑，不仅增强了消费者的隐私保护意识与能力，还促使企业在数据处理上更加谨慎与透明。它的实施，无疑为全球范围内的数据保护立法树立了典范，也为未来的数据保护实践提供了宝贵的参考与借鉴。

4.《健康保险可携性与责任法案》(HIPAA)

HIPAA 于 1996 年 8 月 21 日在美国颁布，旨在保护患者的健康信息隐私，并规范医疗行业内信息处理的行为。该法案的核心在于要求医疗机构及相关企业实施严密的安全措施，以防范患者电子健康信息的非法访问与泄露。此外，HIPAA 还赋予了患者对其健康信息的访问权和控制权，增强了他们在医疗信息管理中的主动地位。

作为美国医疗信息保护领域的标志性法律，HIPAA 不仅通过严格的安全措施保障了患者的隐私权益，还显著提升了整个医疗体系的信息安全管理水平。这一法案的出台，为医疗行业的信息化发展奠定了坚实的法律基础，促进了医疗信息的安全、高效流通与利用。

(三)欧盟

欧盟在网络安全方面的法律框架强调成员国间的协调合作和高标准的数据保护。

1.《网络与信息安全指令》(NIS 指令)

NIS 指令是欧盟于 2016 年 7 月 6 日颁布的重要法律文件，旨在应对日益复杂的网络安全威胁，提升欧盟整体的网络安全防护能力。该指令要求成员国制定并执行国家网络安全战略，完善网络安全事件报告机制，加强跨境合作，并明确了关键服务运营者和数字服务提供者的安全要求和责任。NIS 指令的意义在于，它不仅是欧盟首部专门针对网络安全的法律，更通过加强成员国间的协调合作和统一提高网络安全标准，为欧盟构建了一个更加坚实的网络安全防护体系，确保了网络空间的安全与稳定。

2.《通用数据保护条例》(GDPR)

GDPR 于 2018 年 5 月 25 日正式生效，它是在个人数据大量收集和使用日益频繁的背景下出台的，旨在保护欧盟公民的个人数据隐私。GDPR 对数据处理者提出了严格的要求，明确规定了个人数据的收集、处理和存储的条件，并赋予数据主体一系列权利，如知情权、访问权和删除权。这一法律通过严格的要求和高标准的数据保护措施，不仅提升了欧盟公民的隐私保护水平，更在全球范围内推动了数据保护法律的发展。其出台不仅是对欧盟公民个人数据隐私的保障，更是对数据保护领域的一次重要革新。

3.《数字市场法案》(DMA)和《数字服务法案》(DSA)

欧盟于2020年12月15日出台了DMA和DSA，旨在规范数字市场，保护用户权益，促进公平竞争。DMA聚焦于确保数字市场的公平竞争，特别针对大型科技公司，防止其滥用市场主导地位。而DSA则致力于提升数字服务的透明度和安全性，强化用户数据隐私和权益的保障。这两部法案作为欧盟数字经济领域的基石，不仅增强了用户权益保护，还提升了市场竞争的公平性，对推动欧盟数字经济的稳健发展具有深远意义。

4.《欧盟网络安全法案》

《欧盟网络安全法案》自2019年6月27日颁布以来，已成为欧盟应对复杂网络安全挑战的重要里程碑。该法案的出台，旨在构建一套统一的网络安全认证体系，为欧盟市场上的ICT产品和服务设立网络安全的基准线。此举不仅确保了消费者和企业的网络安全权益，还推动了整个行业向更高安全标准迈进。

同时,《欧盟网络安全法案》的实施，也显著增强了欧洲网络安全局(ENISA)的职能与资源，使其能够更加高效地支持欧盟成员国的网络安全策略与行动。ENISA在协调成员国网络安全政策、提供技术支持与培训，以及推动跨国合作等方面发挥了关键作用，进一步提升了欧盟在网络安全领域的整体防御能力。

综上所述,《欧盟网络安全法案》的出台，对于提升欧盟的网络安全防护水平、保障数字经济健康发展具有重要意义。它不仅为欧盟在网络安全领域树立了新的标杆，也为全球网络安全治理提供了有益的借鉴与启示。

(四)日本

日本在网络安全方面也有一系列法律法规，旨在保护国家安全和公民隐私。

1.《网络安全基本法》

《网络安全基本法》是日本于2014年11月6日颁布的重要法律，旨在应对

日益复杂的网络安全威胁，并提升国家整体的网络安全防护能力。该法不仅为日本的网络安全政策奠定了坚实基础，还明确了各级政府和企业在网络安全方面的责任和义务。它规定了国家网络安全战略的制定和实施流程，并建立了完善的网络安全事件应对和处置机制，确保在网络安全事件发生时能够迅速、有效地进行应对。

通过实施《网络安全基本法》，日本不仅提升了国家网络安全防护能力，还加强了与国际社会的合作与交流，共同应对跨国网络安全威胁。该法的出台，标志着日本在网络安全领域迈出了重要一步，为构建更加安全、可信的网络空间奠定了坚实基础。

2.《个人信息保护法》

《个人信息保护法》是日本出台于2003年5月30日（修订版于2017年5月30日实施），是应对个人信息保护问题的重要法律。随着个人信息的大量收集和使用，隐私泄露风险日益增大，该法应运而生。该法不仅明确了个人信息处理者的合规要求和法律责任，还详细规定了个人信息的收集、处理和存储条件，为数据主体提供了广泛的权利保障。通过严格的合规要求和高标准的保护措施，《个人信息保护法》有效提升了公民的隐私保护水平，成为日本个人信息保护领域的基石。该法的实施，不仅促进了个人信息的安全使用，也推动了社会对隐私保护重要性的认识。

三、企业网络安全政策

企业网络安全政策是企业保障网络安全的基本文件，涵盖了企业在网络安全方面的目标、策略、程序和责任等内容。有效的网络安全政策能够帮助企业预防、检测和应对网络安全威胁，保护企业的资产和声誉。

（一）网络安全策略

企业网络安全策略是企业在网络安全方面的总体方针和指导原则，明确了企业在网络安全方面的目标和优先事项。

1. 安全管理体系

企业需要建立完善的信息安全管理体系，涵盖风险评估、安全控制、事件响应和持续改进等方面。信息安全管理体系应符合国际标准，如 ISO/IEC 27001，以确保管理的系统性和有效性。通过定期审核和评估，企业可以持续改进其安全管理体系，适应不断变化的安全威胁和业务需求。

2. 员工培训与意识

企业应定期开展网络安全培训，提高员工的安全意识和技能。通过培训，员工能够了解网络安全政策和措施，掌握基本的安全操作，防范常见的网络威胁。培训内容应包括密码管理、钓鱼攻击防范、数据保护和安全操作等，确保全体员工具备基本的网络安全知识和应对能力。

（二）网络安全程序

企业网络安全程序是企业为保障网络安全而制定的具体操作规程和技术措施，包括访问控制、数据加密、漏洞管理和安全监控等方面。

1. 访问控制

企业应实施严格的访问控制措施，确保只有经过授权的人员可以访问敏感信息和系统资源。访问控制措施包括用户身份验证、权限管理和访问日志记录等。通过角色分配和权限控制，企业可以精细化管理员工的访问权限，确保敏感数据的安全。

2. 数据加密

企业应对敏感数据进行加密，确保数据在传输和存储过程中的机密性和完整性。数据加密措施包括传输层安全协议（TLS）、虚拟专用网络（VPN）和磁盘加密等。通过使用强加密算法，企业可以有效保护敏感数据免受未经授权的访问和窃取。

3. 漏洞管理

企业应建立漏洞管理机制，及时发现和修复系统和应用中的安全漏洞。漏洞管理包括定期进行安全扫描、应用安全补丁和配置安全策略等。结合自动化工具和人工检查，企业可以全面识别和修复安全漏洞，降低安全风险。

4. 安全监控

企业应实施全面的安全监控，实时监测网络和系统的安全状况，及时发现和响应安全事件。安全监控措施包括 IDS、IPS 和 SIEM 系统等。通过集成和分析多源数据，企业可以提高安全事件的检测率和响应速度。

（三）网络安全责任

企业网络安全责任明确了各级管理人员和员工在网络安全方面的职责和义务，确保网络安全工作的顺利开展和有效落实。

1. 高层管理责任

企业高层管理人员应对网络安全工作负总体责任，制定网络安全策略和目标，提供必要的资源支持，监督和评估网络安全工作的实施效果。高层管理人员还应定期审查和更新网络安全政策，确保其符合最新的法律法规和行业标准。

2. 信息安全部门责任

企业信息安全部门负责制定和实施网络安全策略和措施，进行风险评估和安全监控，组织网络安全培训和应急演练，协调和处理网络安全事件。信息安全部门应与其他部门密切合作，共同提高企业的整体安全水平。

3. 业务部门责任

企业各业务部门应配合信息安全部门，落实网络安全措施，保障业务系统和数据的安全。业务部门负责人应对部门内的网络安全工作负责，确保员工遵守网络安全政策和操作规程。业务部门还应定期进行安全检查和审计，发现并解决潜在的安全问题。

4. 员工责任

企业全体员工应遵守企业的网络安全政策和规定，接受网络安全培训，掌握基本的安全操作方法，防范网络威胁。员工应积极配合信息安全部门的工作，发现和报告安全隐患和事件。员工还应保持安全意识，遵循良好的安全操作习惯，如定期更换密码、不下载未经授权的软件等。

第二节 网络安全风险管理

网络安全风险管理是保障网络安全的重要手段，通过系统的风险评估、控制和监控，降低网络安全风险，保护信息和系统的安全性。

一、风险评估

风险评估是网络安全风险管理的基础，通过系统的识别、分析和评估，企业可以了解其面临的安全威胁和脆弱点，从而制定有效的防范措施。风险评估主要包括风险识别、风险分析和风险评估报告三个步骤。

（一）风险识别

风险识别是确定可能影响网络安全的威胁和漏洞的过程。通过风险识别，企业可以了解其面临的网络安全风险，制定相应的防范措施。

1. 威胁识别

威胁识别是确定可能对网络安全构成威胁的事件或行为。威胁识别的关键在于了解威胁的来源和动机，从而制定针对性的防范措施。常见的网络安全威胁如下。

①恶意软件攻击：包括病毒、蠕虫、木马、勒索软件等，这些恶意软件可以破坏系统、窃取数据或勒索钱财。

②网络钓鱼：通过欺骗性电子邮件或网站诱使用户泄露敏感信息，如密码和信用卡号。

③拒绝服务攻击（DoS/DDoS）：攻击者通过大量请求压垮服务器，使其无法正常提供服务。

④内部人员威胁：企业内部人员可能利用其权限进行数据窃取、破坏或泄露。

⑤高级持续性威胁（APT）：攻击者通过复杂的手段长期潜伏在目标网络中，

窃取敏感信息。

2. 漏洞识别

漏洞识别是确定系统和应用中的安全漏洞。漏洞可能存在于软件、硬件、网络配置和操作流程中。漏洞识别的目的是发现系统中的弱点，采取措施修复或减轻这些漏洞，降低被利用的风险。常见的漏洞类型如下。

①软件漏洞：包括未修补的补丁、编程错误和设计缺陷。

②配置错误：不安全的默认设置、过度开放的端口和权限配置不当等。

③权限管理不当：用户权限过大或权限分配不合理，导致未经授权的访问。

④操作流程漏洞：缺乏安全的操作规程和审计机制，导致人为错误或恶意操作。

3. 资产识别

资产识别是确定需要保护的关键资产，包括硬件、软件、数据和人员等。通过识别资产，企业可以了解其网络安全保护的重点和范围，确保对关键资产的有效保护。资产识别的主要步骤如下。

①确定关键业务流程：识别对企业核心业务有重大影响的关键业务流程。

②识别关键资产：根据关键业务流程，识别支撑这些业务的关键资产，如服务器、数据库、应用程序和重要数据。

③分类和分级：对关键资产进行分类和分级，确定其重要性和敏感性，便于后续的风险评估和管理。

（二）风险分析

风险分析是评估网络安全风险的可能性和影响的过程，通过定量和定性的方法，确定风险的严重程度和优先级。

1. 定性分析

定性分析通过专家判断和经验，评估风险的可能性和影响，确定风险的严重程度和优先级。定性分析方法如下。

①风险矩阵：使用风险矩阵将风险按可能性和影响进行分类和评估。风险矩

阵通常分为低、中、高三个等级，根据风险的严重程度确定其优先级。

② SWOT 分析：通过分析企业的优势、劣势、机会和威胁，评估企业在应对风险方面的能力和不足，制定相应的策略和措施。

③专家评审：邀请网络安全专家和内部专业人员进行风险评审，结合经验和专业知识，评估和分析风险的可能性和影响。

2. 定量分析

定量分析通过数据和模型，评估风险的可能性和影响，量化风险的严重程度和优先级。定量分析方法如下。

①概率分析：通过历史数据和统计方法，计算风险事件发生的概率和可能造成的影响。常用的概率分析方法包括贝叶斯网络、马尔可夫链和蒙特卡洛模拟等。

②成本效益分析：评估风险事件发生后可能带来的经济损失和控制措施的成本，通过比较不同方案的成本效益，选择最优的风险控制策略。

③量化风险模型：构建数学模型，通过模拟和计算，量化风险的可能性和影响。常用的量化风险模型包括脆弱性分析模型、攻击路径分析模型和安全性指标模型等。

3. 风险评分

风险评分是定性和定量分析相结合的方法，对风险进行综合评分。通过风险评分，企业可以直观地了解各类风险的严重程度和优先级，便于制定针对性的风险控制措施。风险评分的方法如下。

①评分标准：根据风险的可能性、影响和严重程度，制定统一的评分标准。评分标准应包括明确的评估指标和评分规则，确保评分过程的客观性和一致性。

②综合评分：将定性和定量分析的结果进行综合，得出最终的风险评分。综合评分可以通过加权平均、打分系统等进行，根据不同指标的重要性，确定其在综合评分中的权重。

③风险排序：根据风险评分的结果，对各类风险进行排序，确定其优先级。风险排序可以帮助企业明确风险管理的重点和方向，制定有效的风险控制计划。

（三）风险评估报告

风险评估报告是风险评估的结果，包括识别的威胁和漏洞、评估的风险严重程度和优先级，以及相应的防范措施和建议。风险评估报告为风险控制和决策提供了依据。

1. 报告内容

风险评估报告的内容应包括以下几个方面。

①评估背景和目的：简要说明风险评估的背景和目的，包括评估范围、评估对象和评估时间等。

②评估方法和过程：详细描述风险识别、风险分析和风险评分的方法和过程，包括使用的工具、数据来源和分析步骤等。

③评估结果和分析：展示评估结果，包括识别的威胁和漏洞、风险评分和优先级排序等。对评估结果进行分析，解释风险的可能性和影响，指出存在的问题和不足。

④风险控制建议：根据评估结果，提出具体的风险控制建议，包括风险规避、风险转移、风险减缓和风险接受等策略和措施。

⑤附录和参考资料：提供相关的附录和参考资料，如数据表格、图表、文献等，支持报告的内容和结论。

2. 风险地图

风险地图是一种直观的风险展示工具，通过图形化的方式展示各类风险的分布和严重程度。风险地图可以帮助企业快速识别和定位风险，制定有效的风险控制措施。

①风险热图：用不同的颜色和形状表示不同类型和等级的风险，直观展示风险的分布和严重程度。风险热图通常以从绿到红的颜色表示从低到高的风险等级，通过视觉化的方式帮助决策者快速理解和分析风险状况。

②风险趋势图：展示风险的变化趋势和发展动态，帮助企业了解风险的变化情况和发展趋势。风险趋势图可以通过时间轴和风险等级的变化，展示风险的历史数据和未来预测，帮助企业制定长期的风险管理策略。

③风险分布图：展示风险在不同区域、部门或业务流程中的分布情况，帮助企业识别和定位风险的集中区域。风险分布图可以通过地理信息系统（GIS）或其他图形化工具，展示风险在空间中的分布情况，帮助企业制定针对性的区域风险管理措施。

3. 定期更新

风险评估报告应定期更新，反映最新的风险状况和控制措施。通过定期更新，企业可以持续了解和掌握风险状况，及时调整和优化风险管理策略。

①更新周期：根据企业的实际情况和风险环境，确定风险评估报告的更新周期。更新周期可以是半年、每年或季度，确保风险评估报告的及时性和准确性。

②更新内容：在更新风险评估报告时，应重点关注新的威胁和漏洞、风险评分的变化和控制措施的实施情况。更新内容应包括最新的风险评估数据和分析结果，确保报告内容的全面性和准确性。

③更新过程：制定明确的更新流程和责任分工，确保风险评估报告的更新工作有序进行。更新过程应包括数据收集、风险识别、风险分析、风险评分和报告编写等环节，确保每个环节的工作质量和效率。

二、风险控制

风险控制是采取措施降低网络安全风险的过程。风险控制策略可以分为四大类：风险规避、风险转移、风险减缓和风险接受。每种策略都有其特定的应用场景和方法，企业可以根据实际情况选择合适的风险控制策略，以确保信息和系统的安全性。

（一）风险规避

风险规避是通过避免涉及风险的活动或改变业务流程，消除或减少网络安全风险。这种策略适用于无法承受某类风险的情况，通常通过业务调整和技术替代来实现。

1. 业务调整

企业可以通过调整业务流程或改变操作模式，规避高风险活动。

①更改业务流程：如果某些业务流程涉及高风险操作，如敏感数据的跨境传输或涉及外部供应商的关键任务，企业可以通过调整业务流程来规避这些风险。具体方法包括将数据处理集中在安全的本地环境中，或通过内部流程替代外部供应商。

②避免高风险活动：企业可以选择不开展某些高风险的业务活动。例如，企业可以避免在高风险国家或地区开展业务，降低受到网络攻击的概率。

③简化操作流程：通过简化业务操作流程，减少人为错误和操作失误带来的风险。例如，企业可以通过自动化技术减少人工操作环节，降低人为失误的可能性。

2. 技术替代

企业可以采用更安全的技术或工具，替代存在风险的技术或工具。

①使用安全协议：替换不安全的通信协议，如使用 HTTPS 替代 HTTP，确保数据在传输过程中得到加密保护。

②采用先进的安全技术：如将传统的密码认证替换为多因素认证，增加安全防护层级，提高系统的安全性。

③选择可信的软件和硬件：避免使用未经过严格安全审查的第三方软件和硬件，选择有安全认证和良好信誉的供应商，减少潜在的安全风险。

3. 停用高风险系统

企业可以选择停用某些高风险系统或应用，避免潜在的安全威胁。

①停用不再维护的系统：对于已停产或不再提供安全更新的系统和软件，企业应及时停用并替换为新系统，以减少漏洞和攻击风险。

②停止使用高风险应用：如果某些应用程序存在严重的安全漏洞且无法修复，企业应停止使用这些应用，寻找安全的替代方案。

（二）风险转移

风险转移是通过合同、保险等方式，将网络安全风险转移给第三方。通过风险转移，企业可以将部分风险负担转移出去，减少自身的风险暴露。

1. 保险

企业可以购买网络安全保险，将部分风险转移给保险公司。网络安全保险可以覆盖数据泄露、业务中断、法律费用等风险，减轻企业的财务负担。常见的网络安全保险类型如下。

①数据泄露保险：覆盖因数据泄露引起的通知、监控、法律费用和罚款等费用。

②业务中断保险：覆盖因网络攻击导致的业务中断和收入损失。

③网络责任保险：覆盖因网络安全事件引起的第三方索赔和法律责任。

④勒索软件保险：覆盖因勒索软件攻击导致的赎金支付、数据恢复和业务中断费用。

2. 外包

企业可以将某些高风险的业务外包给专业的第三方服务提供商，通过合同约定责任和赔偿，将部分风险转移给第三方。

①安全监控外包：将网络安全监控和事件响应外包给专业的安全服务提供商，利用其专业技术和资源，提高安全防护能力。

②数据存储外包：将数据存储和备份业务外包给云服务提供商，通过合同约定数据安全和恢复责任，减少数据丢失和泄露风险。

③ IT 基础设施外包：将部分或全部 IT 基础设施外包给托管服务提供商，通过合同约定服务水平和安全要求，确保系统的可靠性和安全性。

3. 合同约定

企业可以通过合同约定，将部分风险转移给合作伙伴或供应商。

①供应链安全：在采购合同中明确供应商的安全责任和义务，要求其提供安全保障和风险赔偿，减少供应链安全风险。

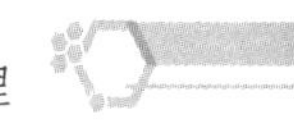

②软件开发外包：在软件开发合同中约定开发商的安全责任和代码质量要求，确保外包开发的软件符合安全标准和规范。

③服务协议：在服务合同中明确服务提供商的安全责任和违约赔偿，确保其提供的服务满足安全要求，减少安全风险。

（三）风险减缓

风险减缓是通过采取安全控制措施，降低网络安全风险的可能性和影响。风险减缓策略包括采用安全技术、安全管理和员工培训等措施。

1. 安全技术

企业可以采用先进的安全技术和工具，增强网络安全防护能力。

①防火墙：部署防火墙，监控和控制网络流量，防止未经授权的访问和攻击。

② IDS：部署 IDS，实时监控网络流量和系统行为，识别和报告潜在的安全威胁。

③ IPS：在 IDS 的基础上，增加主动防御功能，自动阻断和响应检测到的攻击活动。

④加密技术：采用加密技术，保护数据在传输和存储过程中的机密性和完整性。

⑤多因素认证：采用多因素认证技术，提高用户身份验证的安全性，减少账户被盗的风险。

2. 安全管理

企业可以通过加强安全管理，提升整体安全水平。

①信息安全管理体系（ISMS）：建立和实施信息安全管理体系，制定安全策略和操作规程，确保信息和系统的安全性。

②安全审计：定期进行安全审计，检查和评估安全控制措施的有效性，发现和纠正安全管理中的问题和不足。

③安全监控：通过安全监控工具和平台，实时监控网络和系统的安全状况，及时发现和响应安全事件。

④安全策略：制定和实施全面的安全策略，覆盖访问控制、数据保护、应急响应等方面，确保企业的安全防护措施全面而有效。

3. 员工培训

企业可以通过安全培训，提高员工的安全意识和技能，减少人为因素造成的安全风险。

①安全意识培训：定期开展安全意识培训，提高员工对网络安全威胁和防范措施的认识。

②技能培训：针对技术人员和管理人员，开展专业的安全技能培训，提升其安全技术和管理能力。

③应急演练：定期组织应急演练，提高员工应对网络安全事件的能力，确保在事件发生时能够快速响应和处理。

④行为规范：制定和实施员工行为规范，明确员工在网络安全方面的责任和义务，确保员工遵守安全操作规程和政策。

（四）风险接受

风险接受是指在风险不能完全消除或转移的情况下，企业接受一定的风险，并制定应对措施。风险接受策略包括充分评估风险、制定应急预案和建立应对机制。

1. 充分评估风险

企业应对接受的风险进行评估，了解风险的可能性和影响，制定相应的应对措施和应急预案。

①风险评估：通过定性和定量分析方法，评估风险的严重程度和优先级，确定需要接受的风险范围和条件。

②风险成本分析：分析风险事件发生后可能带来的经济损失和影响，评估风险接受的成本和收益，确保决策的科学性和合理性。

③风险记录：记录和跟踪接受的风险，定期更新风险评估结果，确保风险管理的持续性和动态性。

2. 制定应急预案

企业应针对接受的风险制定应急预案，确保在风险事件发生时能够快速响应和恢复。应急预案应包括事件识别、响应、恢复和报告等环节，明确责任和操作流程。

①事件识别：制定明确的事件识别标准和流程，确保及时发现和报告风险事件。

②事件响应：制定详细的事件响应计划，明确各部门和人员的责任和操作步骤，确保事件发生时能够快速协调和响应。

③事件恢复：制定全面的事件恢复计划，确保在事件发生后能够快速恢复正常业务运营，减少对业务的影响。

④事件报告：制定规范的事件报告流程，确保事件发生后能够及时向管理层和相关部门报告，便于后续分析和改进。

3. 建立应对机制

企业应建立有效的应对机制，确保能够及时应对和处理接受的风险。

①监控和预警：通过安全监控工具和平台，实时监控风险状况，及时发现和预警风险事件。

②应急团队：建立专门的应急团队，负责风险事件的响应和处理。应急团队应包括各相关部门的专业人员，确保应急响应的全面性和有效性。

③演练和测试：定期开展应急演练和测试，检验应急预案和应对机制的有效性，发现和改进应急管理中的问题和不足。

④持续改进：通过事件分析和经验总结，持续改进应急预案和应对机制，提高企业的风险管理能力。

三、风险监控

风险监控是持续监测网络安全风险和控制措施的过程，确保风险控制措施的有效性和及时发现和处理风险状况。风险监控主要包括安全监控、定期审计和风险评估更新三个方面。

（一）安全监控

安全监控是通过技术手段和工具，实时监测网络和系统的安全状况，发现和响应网络安全事件。有效的安全监控可以帮助企业及时发现潜在的安全威胁，并采取措施进行响应和处理，减少对业务的影响。

1. IDS

IDS 通过监测网络流量和系统行为，识别潜在的安全威胁和攻击活动。IDS 可以分为 NIDS 和 HIDS。

（1）NIDS

NIDS 通过监测整个网络流量，识别异常行为和攻击活动。NIDS 通常部署在网络边界或核心节点，能够实时分析通过网络的所有数据包，并根据预定义的规则和行为模式，检测潜在的攻击和威胁。

（2）HIDS

HIDS 通过监测主机系统的行为，识别异常活动和攻击迹象。HIDS 通常部署在关键服务器或工作站上，能够实时分析系统日志、文件完整性、进程活动等信息，发现潜在的攻击和威胁。

2. IPS

IPS 在 IDS 的基础上增加了主动防御功能，能够自动阻断和响应检测到的攻击活动。IPS 可以实时防御网络攻击，减少对系统和数据的损害。

（1）NIPS

NIPS 部署在网络边界或核心节点，通过实时监控和分析网络流量，自动阻断和响应检测到的攻击活动。NIPS 可以有效防御常见的网络攻击，如 DDoS 攻击、扫描攻击、漏洞利用等。

（2）HIPS

HIPS 部署在关键服务器或工作站上，通过实时监控和分析系统行为，自动阻断和响应检测到的攻击活动。HIPS 可以有效防御常见的主机攻击，如木马程序、权限提升、恶意脚本等。

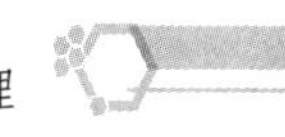

3. SIEM 系统

SIEM 系统通过收集和分析多个来源的安全日志和事件数据，提供全面的安全监控和事件管理。SIEM 系统可以实现实时监控、事件关联分析、事件响应和报告，提高安全事件的检测率和响应速度。

（1）日志收集与管理

SIEM 系统通过集成各种日志源，如防火墙、IDS/IPS、操作系统、应用程序等，集中收集和管理安全日志。通过日志的集中管理和分析，SIEM 系统可以识别潜在的安全威胁和异常行为。

（2）事件关联分析

SIEM 系统通过对收集的安全日志进行关联分析，识别和关联不同日志源中的事件，发现潜在的安全威胁和攻击活动。事件关联分析可以提高安全事件的检测率，减少误报和漏报。

（3）事件响应与管理

SIEM 系统可以自动化和半自动化地响应检测到的安全事件，生成事件报告和警报，并支持事件的跟踪和管理。通过集成事件响应流程和工具，SIEM 系统可以提高安全事件的响应速度和处理效率。

4. 持续监控与预警

安全监控不仅需要实时监测和分析，还需要具备持续监控和预警能力。通过持续监控和预警，企业可以提前发现潜在的安全威胁，采取预防措施，减少对业务的影响。

（1）实时监控

实时监控是通过持续监测网络和系统的安全状况，实时发现和响应安全事件。实时监控需要高效的监控工具和平台，能够实时分析和处理大量的安全数据，提供及时的安全警报和报告。

（2）预警机制

预警机制是通过分析和预测潜在的安全威胁，提前发出警报，帮助企业采取预防措施。预警机制可以基于历史数据、威胁情报、行为分析等方法，识别潜在的安全威胁和趋势，提供早期预警和防护。

（二）定期审计

定期审计是通过内部和外部审计，评估企业的网络安全管理体系和控制措施的有效性。定期审计可以发现和纠正安全管理中的问题和不足，提高整体安全水平。

1. 内部审计

内部审计由企业内部的审计部门或团队进行，定期检查和评估网络安全管理的各个方面。内部审计的主要内容如下。

（1）安全策略和程序

审查企业的安全策略和程序，确保其符合最新的法律法规和行业标准。审查内容包括安全策略的制定、实施和更新情况，以及各项安全程序的执行情况。

（2）安全控制措施

审查企业的安全控制措施，评估其有效性和适用性。审查内容包括访问控制、数据加密、漏洞管理、安全监控等方面，确保其能够有效防范和应对网络安全威胁。

（3）安全事件管理

审查企业的安全事件管理流程，评估其响应和处理能力。审查内容包括安全事件的识别、响应、恢复和报告情况，以及应急预案和演练的实施情况。

2. 外部审计

外部审计由独立的第三方审计机构进行，评估企业的网络安全管理是否符合相关法规和标准。外部审计可以提供客观的评估和建议，帮助企业提升合规性和安全性。外部审计的主要内容如下。

（1）合规性审计

审查企业的网络安全管理是否符合相关法律法规和行业标准。审查内容包括企业的安全策略和措施是否符合 ISO/IEC27001、GDPR、HIPAA 等标准，以及是否遵守相关的法律法规。

（2）技术审计

审查企业的技术环境和安全控制措施，评估其安全性和有效性。审查内容包括企业的网络架构、系统配置、安全技术和工具的使用情况，以及技术控制措施的有效性和适用性。

（3）管理审计

审查企业的安全管理体系和流程，评估其管理能力和执行效果。审查内容包括企业的安全管理政策和程序、组织结构和职责分工、安全培训和意识提升等方面。

3. 审计报告与改进建议

审计结束后，审计团队应编写详细的审计报告，提供审计结果和改进建议。审计报告应包括以下内容。

（1）审计结果

提供审计的主要发现和结果，包括发现的问题和不足，以及企业在安全管理方面的优点和成绩。审计结果应具体、详细，便于企业理解和参考。

（2）改进建议

根据审计结果，提供具体的改进建议，帮助企业提升网络安全管理水平。改进建议应包括优先级排序和实施步骤，确保建议的可操作性和可执行性。

（3）跟踪与评估

企业应根据审计报告的建议，制定改进计划和措施，并进行跟踪和评估。跟踪评估应包括改进措施的实施情况和效果评估，确保审计建议的有效落实和持续改进。

（三）风险评估更新

风险评估更新是定期评估网络安全风险，确保风险评估的准确性和及时性。通过风险评估更新，企业可以持续了解和掌握风险状况，及时调整和优化风险管理策略。关于风险评估部分的内容已经在上文中提及，不再赘述。

第三节 网络安全应急响应

网络安全应急响应是企业在遭遇网络安全事件时采取的一系列措施，确保快速、高效地应对和恢复。有效的应急响应可以最大限度地减少安全事件对业务运营的影响，保护企业的资产和声誉。网络安全应急响应包括应急预案制定、应急演练和应急事件处理三个方面。

一、应急预案制定

应急预案是网络安全管理体系的重要组成部分，它为企业应对网络安全事件提供了一套系统化的方案，确保企业能够迅速、高效地应对和处理各种网络安全事件。应急预案的制定主要包括风险评估、预案设计和预案发布与培训三个方面。

（一）风险评估

在制定应急预案之前，企业需要进行全面的风险评估，识别和评估潜在的安全威胁和脆弱性。风险评估的主要内容包括威胁识别、漏洞识别和影响分析。

1. 威胁识别

威胁识别是确定可能对企业构成威胁的网络安全事件。企业需要考虑多种类型的威胁，包括但不限于以下三种。

①恶意软件攻击，如病毒、蠕虫、木马、勒索软件等，这些恶意软件可以破坏系统、窃取数据或勒索钱财。

②网络钓鱼，通过欺骗性电子邮件或网站诱使用户泄露敏感信息，如密码和信用卡号。

③拒绝服务攻击，攻击者通过大量请求压垮服务器，使其无法正常提供服务。

2. 漏洞识别

漏洞识别是确定企业系统和应用中的安全漏洞。漏洞可能存在于软件、硬件、网络配置和操作流程中。识别漏洞的主要步骤如下。

①软件漏洞：包括未修补的补丁、编程错误和设计缺陷。

②配置错误：不安全的默认设置、过度开放的端口和权限配置不当等。

③权限管理不当：用户权限过大或权限分配不合理，导致未经授权的访问。

④操作流程漏洞：缺乏安全的操作规程和审计机制，导致人为错误或恶意操作。

3. 影响分析

影响分析是评估不同类型的安全事件对业务运营的可能影响，包括业务中断、数据泄露、经济损失等。影响分析的主要内容如下。

①业务中断：评估安全事件可能导致的业务中断时间和范围，以及对企业运营的影响。

②数据泄露：评估安全事件可能导致的数据泄露数量和类型，以及对企业声誉和法律合规的影响。

③经济损失：评估安全事件可能导致的直接和间接经济损失，包括修复费用、法律费用、罚款和业务损失等。

（二）预案设计

进行风险评估后，企业需要根据评估结果设计应急预案。预案设计的主要内容包括事件类型分类、响应流程、角色与职责和沟通机制。

1. 事件类型分类

根据安全事件的类型，企业需要制定相应的应急预案。例如，企业可以针对以下几类事件分别制定预案。

①恶意软件攻击预案：包括病毒、蠕虫、木马、勒索软件等的应对措施。

②数据泄露预案：包括内部人员泄露、黑客攻击导致的数据泄露应对措施。

③拒绝服务攻击预案：包括 DoS 和 DDoS 攻击的应对措施。

④网络钓鱼预案：包括识别和处理网络钓鱼攻击的应对措施。

2. 响应流程

设计详细的事件响应流程，明确事件发现、报告、响应、恢复和总结的各个环节。响应流程应包括以下步骤。

①事件识别：事件识别是应急事件处理的第一步，通过监测和分析，及时发现和确认安全事件。事件识别的主要内容包括事件检测、事件分析和事件确认。

②事件响应：事件响应是应急事件处理的关键环节，通过迅速的响应措施，控制和减少事件的影响。事件响应的主要内容包括事件隔离、事件控制、事件沟通和事件记录。

③事件恢复：事件恢复是应急事件处理的最后环节，通过系统的恢复措施，企业可以尽快恢复正常的业务运营。事件恢复的主要内容包括系统恢复、数据恢复和业务恢复。

④事件总结：事件总结是应急事件处理的重要环节，通过系统的总结和分析，企业可以发现和改进应急响应中的问题，提高应急响应的效率和效果。事件总结的主要内容包括事件分析、改进建议、总结报告和改进措施。

3. 角色与职责

明确应急响应团队的角色与职责，确保各部门和人员在事件发生时能够协调配合。应急响应团队应包括以下角色。

①管理层：负责决策和资源调配，确保应急响应的顺利进行。

② IT 部门：负责技术支持和系统恢复，确保技术控制措施的有效实施。

③安全团队：负责事件检测、分析和响应，确保安全事件的及时处理。

④法律顾问：负责法律合规和风险管理，确保应急响应符合相关法律法规。

⑤公关部门：负责内部和外部沟通，确保信息传达的及时性和准确性。

4. 沟通机制

制定清晰的沟通机制，确保在事件发生时能够及时、准确地传达信息。沟通机制应包括以下部分。

①内部沟通：制定内部沟通流程，确保员工及时了解事件情况和应对措施。

内部沟通应包括员工通知、管理层报告、部门协调等。

②外部沟通：制定外部沟通流程，确保客户、合作伙伴和媒体及时了解事件情况和应对措施。外部沟通应包括客户通知、合作伙伴沟通、媒体声明等。

③沟通工具：选择合适的沟通工具和平台，确保信息传达的及时性和准确性。沟通工具应包括电话、电子邮件、即时通讯工具、企业内部网络等。

（三）预案发布与培训

在设计完成应急预案后，企业需要发布预案并对员工进行培训，确保预案能够有效执行。预案发布与培训主要包括预案发布、员工培训和演练与测试。

1. 预案发布

将应急预案发送给相关部门和人员，确保预案的可访问性和知晓度。预案发布的主要步骤如下。

①发布渠道：选择合适的发布渠道，如企业内部网络、电子邮件、会议等，确保相关人员都能及时获取预案。

②发布形式：选择合适的发布形式，如电子文档、印刷手册、在线平台等，确保预案的可读性和易用性。

③发布通知：通过电子邮件、公告等形式通知所有相关人员，确保预案的发布信息传达到位。

2. 员工培训

对相关员工进行应急预案的培训，确保其了解和掌握预案内容和响应流程。员工培训的主要步骤如下。

①培训内容：培训内容应包括应急预案的背景和目的、事件响应的具体步骤、各角色的职责和任务等。

②培训形式：选择合适的培训形式，如课堂培训、在线培训、研讨会等，确保培训的效果和覆盖面。

③培训评估：通过测试、问卷调查等方式评估培训效果，确保员工掌握应急预案的核心内容和响应技能。

3. 演练与测试

定期组织应急预案的演练和测试，检验预案的有效性和可操作性。演练与测试的主要步骤如下。

①演练计划：制订详细的演练计划，确定演练的目标、范围、情景、时间和参与人员。

②演练实施：按照演练计划组织演练，模拟真实的安全事件，检验应急预案和响应流程的有效性。

③演练评估：对演练结果进行评估，总结演练的成果和问题，提出改进建议。

④改进措施：根据演练评估的结果，制定和实施改进措施，提升应急预案和应急响应能力。

二、应急演练

应急演练是网络安全管理中的重要环节，通过模拟真实的安全事件，企业可以检验应急预案的有效性、提升应急响应团队的技能和协调能力、发现和改进预案中的不足。应急演练的主要内容包括演练类型、演练计划和演练评估。

（一）演练类型

应急演练可以分为桌面演练、实战演练和综合演练三种。每种演练都有其特定的应用场景和方法。

1. 桌面演练

桌面演练是一种高效检验应急预案和响应流程的方法，通过模拟和讨论特定安全事件，提升应急响应团队的协作和决策能力。它通常在会议室进行，由团队成员共同参与，模拟如数据泄露、恶意软件攻击等场景，并设计详细的演练脚本。在主持人的引导下，各角色进行事件响应，讨论并记录每一步的决策和操作。桌面演练的优点在于成本低、风险小，能在不影响实际业务的情况下进行，并能及时发现应急预案中的逻辑漏洞和不合理之处，提出改进建议。然而，它也

存在缺点，即缺乏实际操作和技术测试，无法全面检验技术控制措施的有效性。

2. 实战演练

实战演练是检验应急预案和技术控制措施的有效性的重要手段。它通常在受控环境中模拟真实的网络攻击和安全事件，旨在提升应急响应团队的实际操作能力和技术水平。在实施过程中，选择具体的安全事件场景，设计详细的演练脚本，并由技术专家模拟攻击行为，让应急响应团队进行实际操作和技术应对。实战演练的优点在于可以全面检验技术控制措施的有效性，并提升团队的应对能力。然而，其缺点也不容忽视，如成本高、风险大，需要在受控环境中进行，以避免对实际业务的影响。因此，在进行实战演练时，需要权衡利弊，制订详细的计划和方案，确保演练的顺利进行和有效实施。

3. 综合演练

综合演练是一种将桌面演练与实战演练相结合的高效方法，其目的不仅在于验证技术控制措施的有效性，更在于提升团队在面对复杂安全事件时的整体响应能力。在实施过程中，要精心挑选复杂的安全事件场景，如综合性网络攻击或大规模数据泄露，并设计详尽的演练脚本。演练过程中，由主持人引导各部门及角色依脚本行动，技术专家模拟攻击，应急响应团队则进行实际操作与应对，全程记录每一步的决策与操作。综合演练的优势在于能够全面检验应急预案与响应能力，促进团队协作与决策水平；然而，其成本高昂且存在风险，故需在受控环境下进行，以确保不影响实际业务运行。

（二）演练计划

在进行应急演练前，企业需要制订详细的演练计划，确保演练的顺利进行和有效实施。演练计划的主要内容包括演练目标、演练范围、演练情景、演练时间和地点、演练资源等。

1. 演练目标

明确演练的目标和预期成果，包括检验应急预案的有效性、提高应急响应团队的协作能力、发现和改进预案中的问题等。

①检验预案有效性：通过演练，验证应急预案的合理性和可操作性，发现和改进预案中的问题。

②提升协作能力：通过演练，提升应急响应团队的协作和决策能力，提高团队的应急响应效率。

③技术验证：通过演练，验证技术控制措施的有效性，提升技术团队的实际操作能力和技术水平。

2. 演练范围

确定演练的范围和参与部门，包括哪些系统和业务流程、哪些角色和人员参与演练。

①系统和业务流程：选择涉及关键业务和敏感数据的系统和业务流程，确保演练的针对性和实效性。

②角色和人员：确定参与演练的角色和人员，包括应急响应团队、技术支持团队、管理层、法律顾问、公关部门等，确保演练的全面性和协同性。

3. 演练情景

设计具体的演练情景和事件脚本，模拟真实的安全事件。演练情景应详细描述事件的发生、发展和影响，确保情景的真实性和可操作性。

①事件发生：描述事件的起因和初始状态，如黑客攻击、数据泄露、恶意软件感染等。

②事件发展：描述事件的发展过程和影响范围，如攻击的扩散、数据的丢失、系统的崩溃等。

③事件影响：描述事件对业务运营的影响，如业务中断、客户投诉、法律风险等。

4. 演练时间和地点

确定演练的时间和地点，确保演练的顺利进行。演练时间应选择业务影响较小的时段，演练地点应选择安全可控的环境。

①演练时间：选择业务影响较小的时段，如周末、夜间等，避免对实际业务的影响。

②演练地点：选择安全可控的环境，如测试环境、备用数据中心等，确保演练的安全性和可控性。

5. 演练资源

准备演练所需的资源和设备，包括演练脚本、演练环境、技术工具等。确保演练资源的充分准备和有效使用。

①演练脚本：设计详细的演练脚本，描述事件的发生、发展和影响，确保脚本的真实性和可操作性。

②演练环境：准备安全可控的演练环境，如测试环境、备用数据中心等，确保演练的安全性和可控性。

③技术工具：准备演练所需的技术工具和设备，如网络监控工具、日志分析工具、应急响应管理平台等，确保演练的顺利进行和有效实施。

（三）演练评估

演练结束后，企业需要对演练进行全面评估，总结演练的成果和问题，提出改进建议。演练评估的主要内容包括演练记录、评估指标、评估报告和改进措施。

1. 演练记录

记录演练的全过程，包括事件的发展、响应的步骤、决策的过程等。演练记录应详细、准确，为评估提供依据。

①事件发展：记录事件的发生、发展和影响，描述事件的起因、发展过程和最终结果。

②响应步骤：记录各角色的响应步骤和操作，描述每一步的决策和操作过程。

③决策过程：记录各角色的决策过程和讨论，描述决策的依据和理由。

2. 评估指标

制定演练评估的指标和标准，包括响应时间、决策质量、协作效率、技术能力等。评估指标应具体、可量化，便于评估和比较。

①响应时间：评估各角色的响应时间，包括事件检测、初步分析、事件隔

离、事件控制、事件恢复等环节的响应时间。

②决策质量：评估各角色的决策质量，包括决策的依据、合理性和有效性。

③协作效率：评估各角色的协作效率，包括沟通的及时性、信息的传达和协调的效果。

④技术能力：评估技术团队的实际操作能力和技术水平，包括事件检测、分析和响应的技术能力。

3. 评估报告

编写详细的演练评估报告，总结演练的成果和问题，提出改进建议。评估报告应包括演练的背景和目标、演练的过程和结果、发现的问题和不足、改进的措施和建议等。

①背景和目标：描述演练的背景和目标，包括演练的目的、范围、情景等。

②过程和结果：描述演练的过程和结果，包括事件的发展、响应的步骤、决策的过程等。

③问题和不足：总结演练中发现的问题和不足，包括应急预案的逻辑漏洞、响应流程的不合理之处、协作和决策的效率等。

④改进措施：提出具体的改进措施和建议，包括应急预案的完善、应急演练的改进、应急资源的配置等。

4. 改进措施

根据评估报告的建议，制定和实施改进措施，提升应急预案和应急响应能力。改进措施应包括具体的实施步骤、责任分工和时间安排，确保改进工作的有效落实。

①实施步骤：确定改进措施的具体实施步骤，包括风险评估、预案设计、预案发布与培训等环节的改进工作。

②责任分工：明确改进措施的责任分工，确保各部门和人员在改进工作中的职责和任务。

③时间安排：制定改进工作的时间安排，确保改进措施的及时实施和有效落实。

三、应急事件处理

应急事件处理是网络安全应急响应的核心环节，通过系统的事件识别、响应、恢复和总结，企业可以有效应对和处理网络安全事件，减少对业务的影响。应急事件处理的主要内容包括事件识别、事件响应、事件恢复和事件总结。

（一）事件识别

1. 事件检测

事件检测是通过安全监控工具和平台，实时监测网络和系统的安全状况，发现潜在的安全威胁和异常行为。有效的事件检测依赖于多层次、多来源的监控数据和先进的检测技术。

①安全监控工具：部署多种安全监控工具，如 IDS、IPS、防火墙、网络流量分析工具等。通过这些工具实时监控网络流量、系统日志、用户行为等，发现异常活动。

② SIEM 系统：通过 SIEM 系统，集中收集和分析不同来源的安全日志和事件数据。SIEM 系统可以实现实时监控、关联分析和事件报警，帮助企业及时发现潜在的安全威胁。

③威胁情报平台：通过威胁情报平台获取最新的安全威胁信息，及时更新检测规则和策略，提升事件检测的准确性和时效性。

2. 事件分析

事件分析是对检测到的安全事件进行初步分析，确定事件的类型、范围和严重程度。事件分析的主要内容如下。

①数据收集：收集与事件相关的各类数据，如网络流量数据、系统日志、应用日志、用户行为记录等。通过全面的数据收集，为事件分析奠定基础。

②数据关联：通过关联分析技术，将不同来源的数据进行关联和整合，识别事件的起因、发展过程和影响范围。数据关联可以帮助企业了解事件的全貌，找出事件的根本原因。

③事件分类：根据事件的特征和影响，将事件分类为不同类型，如恶意软件攻击、网络钓鱼、拒绝服务攻击、数据泄露等。事件分类有助于制定针对性的响应措施。

④风险评估：评估事件的严重程度和潜在影响，包括对业务运营、数据安全、法律合规等方面的影响。风险评估可以帮助企业确定事件的优先级和响应策略。

3. 事件确认

事件确认是根据事件分析的结果，确认是否发生了安全事件，并确定事件的优先级和处理方案。事件确认的主要内容如下。

①事件验证：通过多种手段验证事件的真实性和准确性，避免误报和漏报。事件验证可以通过手动检查、交叉验证和专家评审等方式进行。

②事件分级：根据事件的严重程度和影响范围，对事件进行分级管理。事件分级可以分为紧急事件、重大事件、一般事件和次要事件等，明确各类事件的处理优先级和响应要求。

③决策与审批：管理层对事件的确认结果进行审查和决策，批准相应的响应措施和资源调配。决策与审批应迅速、高效，确保事件处理的及时性和有效性。

（二）事件响应

1. 事件隔离

事件隔离是在确认安全事件后，立即采取措施隔离受影响的系统和网络，防止事件的扩散和蔓延。事件隔离的主要步骤如下。

①网络隔离：通过断开受影响系统的网络连接，阻止攻击者进一步访问和控制系统。网络隔离可以通过物理断网、逻辑断网（如防火墙规则）、网络分段等方式实现。

②系统隔离：停止受影响系统的运行，防止攻击者继续利用系统漏洞进行攻击。系统隔离可以通过关闭受影响的服务、禁用账户、限制权限等方式实现。

③数据隔离：对受影响的数据进行隔离和保护，防止数据的泄露和损坏。

数据隔离可以通过加密、备份、访问控制等方式实现。

2. 事件控制

事件控制是在隔离事件的基础上，采取进一步的控制措施，减少事件的影响和损害。事件控制的主要步骤如下。

①漏洞修复：针对事件中发现的漏洞和安全缺陷，及时进行修复和加固。漏洞修复可以通过安装补丁、更新软件、调整配置等方式实现。

②恶意软件清除：对系统中的恶意软件进行清除，确保系统的安全性和完整性。恶意软件清除可以通过杀毒软件、手动清除、重装系统等方式实现。

③系统重建：对于严重受损的系统，通过重建和恢复操作，确保系统的正常运行。系统重建可以通过恢复备份、重新配置、重装软件等方式实现。

3. 事件沟通

事件沟通是在事件响应过程中，保持与相关部门和人员的沟通，及时传达事件信息和处理进展。事件沟通的主要内容包括内部沟通、外部沟通和沟通工具三部分。相关内容已在上文中说明，不再赘述。

4. 事件记录

事件记录是在事件响应过程中，详细记录事件的处理过程和结果，为后续的事件总结和分析提供依据。事件记录的主要内容如下。

①事件日志：记录事件的发生、发展和处理过程，包括事件检测、分析、隔离、控制、恢复等环节的操作和结果。

②决策记录：记录各级管理层的决策过程和理由，包括事件确认、响应策略、资源调配等决策内容。

③沟通记录：记录事件过程中各类沟通活动的内容和结果，包括内部沟通、外部沟通、沟通工具的使用等。

（三）事件恢复

1. 系统恢复

系统恢复是在事件控制后，恢复受影响的系统和服务，确保业务的连续性。

系统恢复的主要步骤如下。

①系统重启：重新启动受影响的系统，确保系统的正常运行。系统重启可以通过物理重启、远程重启等方式实现。

②系统更新：更新系统软件和配置，确保系统的安全性和稳定性。系统更新可以通过安装补丁、更新软件、调整配置等方式实现。

③系统测试：对恢复后的系统进行全面测试，确保系统的功能和性能正常。系统测试可以通过功能测试、性能测试、安全测试等方式实现。

2. 数据恢复

数据恢复是在事件中可能会丢失或损坏数据，企业需要通过数据备份和恢复措施，恢复受影响的数据。数据恢复的主要步骤如下。

①数据备份检查：检查数据备份的完整性和可用性，确保备份数据的安全性和准确性。

②数据恢复操作：根据数据备份的情况，进行数据恢复操作，确保数据的完整性和一致性。数据恢复操作可以通过恢复备份、重建数据、数据迁移等方式实现。

③数据完整性验证：对恢复后的数据进行完整性验证，确保数据的准确性和一致性。数据完整性验证可以通过数据校验、数据对比等方式实现。

3. 业务恢复

业务恢复是在系统和数据恢复后，恢复正常的业务运营，确保业务的连续性和稳定性。业务恢复的主要步骤如下。

①业务流程检查：检查恢复后的业务流程，确保业务流程的正常运行。业务流程检查可以通过流程梳理、流程测试等方式实现。

②业务系统测试：对恢复后的业务系统进行全面测试，确保系统的功能和性能正常。业务系统测试可以通过功能测试、性能测试、安全测试等方式实现。

③业务数据验证：对恢复后的业务数据进行验证，确保数据的准确性和一致性。业务数据验证可以通过数据校验、数据对比等方式实现。

（四）事件总结

1．事件分析

事件分析是对事件的原因、过程和影响进行详细分析，总结事件的经验和教训。事件分析的主要内容如下。

①原因分析：分析事件的根本原因和诱因，找出事件发生的关键因素。原因分析可以通过事件溯源、数据关联、专家评审等方式实现。

②过程分析：分析事件的发展过程和处理过程，找出事件中的关键点和决策点。过程分析可以通过事件记录、数据分析、流程梳理等方式实现。

③影响分析：分析事件对业务运营、数据安全、法律合规等方面的影响，总结事件的损失和代价。影响分析可以通过风险评估、经济损失评估、法律合规评估等方式实现。

2．改进建议

改进建议是根据事件分析的结果，提出具体的改进建议，提升应急响应能力。改进建议的主要内容如下。

①预案完善：根据事件分析的结果，完善应急预案的内容和流程，确保预案的合理性和可操作性。

②技术改进：根据事件分析的结果，改进技术控制措施，提升技术团队的实际操作能力和技术水平。

③培训提升：根据事件分析的结果，提升员工的安全意识和技能，确保员工能够及时、有效地应对安全事件。

3．总结报告

总结报告是对事件的处理过程和结果进行详细总结，总结事件的处理过程和结果，提出改进建议和措施。总结报告的主要内容如下。

①背景和目标：描述事件的背景和目标，包括事件的起因、发展过程和最终结果。

②过程和结果：描述事件的处理过程和结果，包括事件检测、分析、隔离、

控制、恢复等环节的操作和结果。

③问题和不足：总结事件中发现的问题和不足，包括应急预案的逻辑漏洞、响应流程的不合理之处、协作和决策的效率等。

④建议：提出具体的改进建议，包括应急预案的完善、应急演练的改进、应急资源的配置等。

4. 改进措施

改进措施是根据总结报告的建议，制定和实施改进措施，提升应急预案和应急响应能力。改进措施的主要内容如下。

①实施步骤：确定改进措施的具体实施步骤，包括风险评估、预案设计、预案发布与培训等各个环节的改进工作。

②责任分工：明确改进措施的责任分工，确保各部门和人员在改进工作中的职责和任务。

③时间安排：制定改进工作的时间安排，确保改进措施的及时实施和有效落实。

第五章

云计算与网络安全

第一节 云计算安全概述

一、云计算的基本认知

（一）云计算的概念

云计算是一种基于互联网的计算模式，通过互联网提供按需的计算资源和服务。它的核心思想是通过虚拟化技术，将计算、存储和网络等资源进行抽象和整合，使用户可以通过网络按需获取和使用这些资源。云计算的基本概念涵盖了多个方面，包括云计算模型、云计算架构和云计算的部署模式。

（二）云计算的特征

云计算作为现代信息技术的重要组成部分，其特征决定了它在网络信息安全及管理中的应用潜力和挑战。深入理解云计算的特征有助于更好地规划和实施安全策略，提高整体网络信息安全水平。以下将详细阐述云计算的几个关键特征，包括按需自助服务、广泛的网络访问、资源池化、快速弹性、计量服务以及其他重要特性。

1. 按需自助服务

按需自助服务是云计算的核心特征之一，指的是用户可以根据实际需求，通过自助服务门户或 API，随时随地获取和管理计算资源和服务。这种特性大大提高了资源使用的灵活性和效率。

（1）自助服务门户

自助服务门户不仅简化了资源申请流程，还涉及用户权限的分配与管理。在信息安全视角下，门户系统必须拥有严格的认证机制和权限划分，确保只有授权用户才能访问相应的资源。此外，对于敏感操作，如资源变更、权限调整等，应实施多因素认证以增强安全性。

另外，门户应具有操作日志记录功能，以便在发生安全事件时迅速追溯操作源头，进行责任划分和安全审计。这有助于企业识别潜在的安全威胁，优化安全策略。

（2）API 访问

云计算平台提供的 API 接口是技术用户管理资源的重要渠道，因此 API 的安全设计至关重要。这包括实施安全的 API 认证机制（如 OAuth、JWT 等），对 API 请求进行严格的输入验证，以及限制 API 的访问频率以防止恶意请求。

随着自动化部署和运维的普及，针对 API 的自动化安全测试也变得极为重要。通过模拟恶意攻击场景，测试 API 的漏洞和弱点，及时发现并修复潜在的安全问题。

2. 广泛的网络访问

云计算资源和服务通过网络提供，用户可以利用各种终端设备（如 PC、智能手机、平板电脑等）访问和使用这些资源和服务。广泛的网络访问特性确保了用户的灵活性和便捷性。

（1）终端多样性

云计算环境下，终端设备的多样性不仅体现在物理形态上，更深入操作系统的差异、屏幕尺寸的多样化以及计算能力的差异上。这种多样性要求云计算服务在设计时必须具备高度的兼容性和适应性，确保用户体验的一致性和流畅性。

（2）多种网络连接

随着技术的不断进步，网络连接方式日益丰富。云计算服务需要支持从低速的公共 Wi-Fi 到高速的 5G 移动网络等多种网络环境。这种多样性要求云计算平台具备智能的网络适配能力，能够根据不同网络条件自动调整数据传输策略，保证服务的稳定性和响应速度。

（3）统一访问控制

统一访问控制是云计算服务保障用户数据安全的重要手段。采用先进的加密技术和身份验证机制，云计算平台能够确保用户在不同网络环境下访问数据的安全性。同时，统一访问控制还有助于简化管理复杂度，降低运维成本。

3. 资源池化

资源池化是云计算的核心架构特性，虚拟化技术将物理资源抽象为多个虚拟资源池，供用户按需使用。资源池化实现了资源的高效利用和灵活调度。

（1）计算资源池化

云计算将物理服务器转变为多个虚拟机，不仅极大地提升了硬件资源的利用率，还赋予了用户前所未有的灵活性。每个虚拟机如同独立的岛屿，承载着各自的操作系统与应用程序，彼此间既相互独立又共享底层的物理资源。这种设计不仅有效避免了物理服务器的闲置浪费，还通过多租户隔离机制确保了用户数据的安全与隐私。用户可根据实际需求动态调整虚拟机配置，无论是增加处理器核心数、扩大内存容量还是优化存储性能，都能轻松实现，从而为业务的快速增长提供坚实的计算支撑。

（2）存储资源池化

存储资源池化通过虚拟存储设备，将物理存储资源整合成一个存储池。用户可以根据需求轻松分配存储空间，并根据业务的发展灵活调整存储容量。这一过程中，存储资源的利用率显著提升，存储管理也变得更加简洁高效。更重要的是，存储资源池化还提供了数据备份、恢复与迁移等高级功能，为用户的数据安全保驾护航，让数据真正成为推动业务发展的强大动力。

（3）网络资源池化

网络资源池化则是云计算中网络架构的革新之作。它利用虚拟网络设备将复杂的物理网络抽象为灵活多变的虚拟网络，让用户可以构建自己的网络拓扑结构。无论是配置虚拟交换机、路由器还是防火墙，用户都能根据自己的业务需求精准定制。此外，网络资源池化还支持精细化的流量管理与安全策略配置，确保网络资源的高效利用与安全传输。这一特性不仅简化了网络管理，还极大地提升了网络的灵活性与可扩展性，为云计算环境下的业务创新提供了强有力的网络支撑。

4. 快速弹性

快速弹性是云计算的关键特性之一，指的是云计算能够根据用户需求，迅速扩展或收缩计算资源，以满足业务的动态变化。快速弹性提高了资源利用率，确保业务的连续性和高效运行。

（1）自动伸缩

云计算平台提供自动伸缩功能，能够实时监测并分析各种业务指标，如CPU使用率、内存占用、网络带宽等，从而精准地判断何时需要调整计算资源。这种自动化、智能化的调整过程，极大地减轻了运维人员的负担，使他们可以将更多的精力投入业务创新和优化上。

（2）按需调配

用户不再需要像传统IT环境那样，提前规划并购买大量的硬件设备。相反，他们可以根据实际业务需求，随时随地对计算资源进行增减。这种高度灵活的资源管理方式，不仅降低了企业的IT成本，还提高了资源的使用效率。更重要的是，它使企业能够更快地响应市场变化，抓住商业机遇。

（3）弹性负载均衡

通过弹性负载均衡，云计算平台能够自动地将用户请求分散到多个服务器实例上，从而避免单点故障和性能瓶颈。同时，弹性负载均衡还支持自动故障检测和恢复机制，能够迅速将出现故障的服务器从负载均衡池中剔除，确保应用的持续稳定运行。

5. 计量服务

计量服务是云计算的一个显著特征，指的是云计算平台通过精确的计量和计费机制，按实际使用量收费。计量服务不仅提高了成本透明度，还激励用户优化资源使用。

（1）按使用量计费

云计算平台通过精确计量用户的资源使用量，按实际使用的计算资源、存储资源和网络流量等收费。这种计费方式降低了用户的前期投入，避免了资源浪费，适应了用户业务的动态变化。

（2）多种计费模式

云计算平台提供多种计费模式，用户可以根据需求选择按小时、按天、按月等不同的计费周期。多种计费模式提高了费用管理的灵活性，适应了不同规模和类型的业务需求。

（3）费用透明化

云计算平台通过详细的费用报告和账单，提供透明的费用信息，帮助用户了解和管理资源使用成本。费用透明化不仅提高了用户的预算管理能力，还激励用户优化资源使用，降低 IT 成本。

6. 高可用性和灾难恢复

云计算平台通常设计为高可用性和具备灾难恢复能力，以确保业务的连续性和数据的安全性。高可用性和灾难恢复特性通过冗余设计、自动故障转移和数据备份等技术实现。

（1）冗余设计

冗余设计是确保云计算平台高可用性的关键。这种设计策略通过多重备份和冗余资源，构建了一个稳固的系统架构。多数据中心部署，使得即使某个数据中心遭遇自然灾害或人为破坏，其他数据中心也能迅速接管业务，确保服务不间断。多服务器实例的部署，则有效分散了单点故障的风险，即使某个服务器出现问题，其他服务器也能立即接管其负载，保持系统稳定运行。此外，多存储副本的采用，更是确保了数据的可靠性和可恢复性，即使某个存储设备发生故障，也能从其他副本中快速恢复数据。

（2）自动故障转移

自动故障转移机制是云计算平台实现高可用性的另一大利器。这种机制通过实时监控和快速响应，能够在故障发生时迅速切换到备用资源，确保服务的连续性。在云计算平台中，自动故障转移机制被广泛应用于各个层面，包括网络、存储、计算等，因而系统在面对各种突发状况时，能够保持稳定的运行状态。

（3）数据备份和恢复

数据备份和恢复服务是保障云计算平台数据安全性的重要手段。通过定期备份重要数据，可以确保在数据丢失或损坏时，能够迅速恢复，减少业务损失。同时，云计算平台还提供了丰富的数据恢复选项，包括即时恢复、时间点恢复等，以满足不同企业的需求。这些服务不仅提高了业务的可靠性，还为企业的发展提供了坚实的保障。

7. 安全性和合规性

云计算平台高度重视安全性和合规性，通过多层次的安全措施和严格的合规管理，确保用户数据和业务的安全。

（1）多层次安全防护

云计算平台通过多层次的安全防护措施，如防火墙、入侵检测和防御系统（IDS/IPS）、加密技术、访问控制等，确保系统和数据的安全性。多层次的安全防护措施覆盖了网络、系统、应用和数据等多个层面，提供全面的安全保障。

（2）严格的合规管理

云计算平台遵循国际和行业标准，确保服务的合规性。合规管理包括数据隐私保护、信息安全管理、金融数据合规等多个方面。云服务提供商通过定期的合规审计和认证，确保其服务符合相关法规和标准。

（3）安全审计和监控

云计算平台提供全面的安全审计和监控功能，记录和分析系统的安全事件和操作日志。通过安全审计和监控，用户可以追踪和分析安全事件，发现和处理潜在的安全问题，确保系统的安全性和合规性。

8. 可扩展性和灵活性

云计算平台具有高度的可扩展性和灵活性，能够根据用户需求，灵活扩展或收缩计算资源，以适应业务的动态变化。

（1）水平扩展和垂直扩展

云计算平台支持水平扩展和垂直扩展，用户可以根据业务需求，选择增加服务器实例（水平扩展）或提升单个实例的计算能力（垂直扩展）。水平扩展适用于需要处理大量并发请求的场景，垂直扩展适用于需要提升单一任务处理能力的场景。

（2）弹性计算服务

云计算平台提供弹性计算服务，用户可以根据业务负载的变化，动态调整计算资源。弹性计算服务通过自动化的资源调度和负载均衡机制，确保系统的高效运行和资源的优化使用。

（3）多样化的服务选项

云计算平台提供多样化的服务选项，包括计算、存储、数据库、网络、安全等多个方面，用户可以根据具体需求，选择和组合服务选项，构建灵活的解决方案。

9. 环境友好与节能

云计算平台通过集中管理和资源优化，实现了环境友好和节能的目标，减少了碳排放和能源消耗。

（1）资源优化

云计算平台通过虚拟化技术和资源池化，实现了资源的高效利用，减少了资源浪费。资源优化不仅提高了计算资源的利用率，还降低了能源消耗。

（2）数据中心节能技术

云计算平台的数据中心采用先进的节能技术，如自然冷却、高效电源管理、绿色建筑设计等，降低了能源消耗和碳排放。数据中心节能技术不仅提高了能源利用效率，还减少了对环境的影响。

（3）集中管理

云计算平台通过集中管理和优化调度，实现了资源的高效利用和能源的节约。集中管理不仅简化了资源管理，还减少了分散管理带来的资源浪费和能源消耗。

（三）云计算模型

云计算模型主要分为三种：基础设施即服务（IaaS）、平台即服务（PaaS）和软件即服务（SaaS）。每种服务模式都提供不同层次的服务，满足用户不同的需求。

1. 基础设施即服务

IaaS 是云计算的最基础层次，它提供虚拟化的计算资源，包括服务器、存储和网络。用户可以通过互联网按需获取这些资源，并根据实际使用量付费。IaaS 的优势在于用户无须投资和维护硬件设备，可以灵活调整资源配置，以适应业务需求。例如，Amazon Web Services（AWS）的 Elastic Compute Cloud（EC2）和 Microsoft Azure 的虚拟机（VM）都是典型的 IaaS 服务。

2. 平台即服务

PaaS 提供开发和部署应用的平台，用户可以在平台上开发、测试和运行应用程序。PaaS 的优势在于提供了一整套开发工具和环境，简化了应用开发和部署的流程，提高了开发效率。用户无须管理底层的硬件和软件基础设施，可以专注于应用的开发和创新。例如，Google App Engine 和 Heroku 都是典型的 PaaS 服务。

3. 软件即服务

SaaS 通过互联网提供软件应用，用户无须安装和维护软件，只需通过浏览器或应用程序访问和使用。SaaS 的优势在于简化了软件的使用和管理，降低了成本，提高了灵活性和可扩展性。用户只需按需订阅和支付服务费用，无须关心软件的维护和更新。例如，Microsoft Office 365 和 Salesforce 都是典型的 SaaS 服务。

二、云计算架构

云计算架构由三个主要层次组成：用户层、应用层和基础设施层。

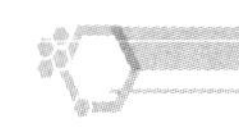

（一）用户层

用户层包括用户接口和访问控制。用户通过用户界面访问云计算资源和服务，进行管理和操作。访问控制确保只有经过授权的用户才能访问和使用云计算资源。用户层还包括终端设备，如个人电脑、智能手机、平板电脑等，通过这些设备用户可以随时随地访问云服务。

（二）应用层

应用层包括应用程序和开发平台。用户在应用层上开发和运行应用程序，利用开发平台提供的工具和环境，提高开发效率和质量。应用层还包括中间件和服务接口，支持应用的集成和互操作。例如，各种业务应用、数据库服务、内容管理系统等。

（三）基础设施层

基础设施层包括计算资源、存储资源和网络资源。基础设施层通过虚拟化技术提供按需的计算资源和服务，支持应用层和用户层的运行和操作。基础设施层的资源通常由多个数据中心提供，通过网络互连，实现资源的统一管理和调度。基础设施层还包括安全防护、负载均衡、容灾备份等服务，确保资源的高可用性和可靠性。

三、云计算部署模式

云计算的部署模式包括公有云、私有云、混合云和社区云。每种部署模式都有其特定的应用场景和优缺点。

（一）公有云

公有云由第三方提供，服务于多个用户。用户通过互联网访问和使用公有云资源，按使用量付费。公有云的优势在于成本低、灵活性高、可扩展性强，但也面临数据安全和隐私保护的挑战。公有云适用于中小企业和初创公司，可以快速部署和扩展业务。例如，Amazon Web Services、Microsoft Azure 和 Google Cloud Platform（GCP）都是典型的公有云服务提供商。

（二）私有云

私有云专为单个组织使用，组织可以自行管理和控制私有云资源。私有云的优势在于安全性和控制力强，但成本高、灵活性和可扩展性相对较低。私有云适用于大型企业和政府机构，可以满足对数据安全和合规性的高要求。例如，企业可以利用开源的 Open Stack 或商用的 VMwarev Sphere 搭建自己的私有云环境。

（三）混合云

混合云结合公有云和私有云的特性，既能利用公有云的灵活性和可扩展性，又能保证私有云的安全性和控制力。混合云的优势在于兼具公有云和私有云的优点，但管理和协调的复杂性较高。混合云适用于需要灵活调配资源的大型企业，可以实现业务的灵活部署和优化。例如，企业可以将核心业务部署在私有云上，将辅助业务和突发负载部署在公有云上。

（四）社区云

社区云由多个组织共享，服务于特定社区。社区云的优势在于成本分摊、安全性和隐私保护较好，但资源共享和管理的协调性较高。社区云适用于具有共同需求和目标的组织，如教育机构、医疗机构、科研机构等。例如，几个大学可以联合搭建社区云平台，共享教学资源。

四、云计算的技术基础

云计算的实现依赖于多种关键技术，这些技术共同支持了云计算的高效运行和管理。

（一）虚拟化技术

虚拟化技术是云计算的基础，通过虚拟化技术，可以将物理资源抽象成虚拟资源，实现资源的隔离和灵活管理。常见的虚拟化技术包括服务器虚拟化、存储虚拟化、网络虚拟化等。

服务器虚拟化通过虚拟机管理程序（Hypervisor），将物理服务器划分为多个虚拟服务器，每个虚拟服务器都可以运行独立的操作系统和应用程序。服务器虚拟化提高了物理资源的利用率，简化了服务器的管理和维护。

存储虚拟化通过虚拟存储设备，将物理存储资源整合成一个统一的存储池，用户可以从存储池中按需获取存储资源。存储虚拟化提高了存储资源的利用率，简化了存储的管理和扩展。

网络虚拟化通过虚拟网络设备，将物理网络资源抽象成虚拟网络，用户可以通过虚拟网络进行通信和管理。网络虚拟化提高了网络资源的利用率，简化了网络的配置和管理。

（二）分布式计算

分布式计算是云计算的核心技术，通过将计算任务分解成多个子任务，分布到多个节点上并行处理，提高计算效率和处理能力。常见的分布式计算技术包括 Map Reduce、Hadoop、Spark 等。

Map Reduce 是分布式计算的经典框架，通过 Map 和 Reduce 两个阶段处理大规模数据。Map 阶段将数据分解成多个小块并行处理，Reduce 阶段将处理结果汇总。Map Reduce 广泛应用于大数据分析、数据挖掘等领域。

Hadoop 是一个开源的分布式计算框架，基于 Map Reduce 模型，提供分布式存储和计算功能。Hadoop 包括 Hadoop Distributed File System（HDFS）和 Hadoop Map Reduce，广泛应用于大数据处理和分析等领域。

Spark 是一个高效的分布式计算引擎，提供内存计算和流处理功能。Spark 相比 Hadoop Map Reduce 具有更高的计算效率和更低的延迟，广泛应用于实时数据处理、机器学习等领域。

（三）存储技术

云计算依赖于高效的存储技术，提供大规模数据的存储和管理。常见的存储技术包括对象存储、块存储、文件存储等。

对象存储将数据作为对象进行存储，每个对象包含数据、元数据和唯一标识符。对象存储具有高扩展性和高可用性，适用于非结构化数据的存储和管理，如图片、视频、备份数据等。

块存储将数据分成固定大小的块进行存储，每个块可以独立访问和管理。块存储具有高性能和高可靠性，适用于结构化数据的存储和管理，如数据库、虚拟机磁盘等。

文件存储通过将数据组织成文件和目录进行存储，用户可以通过文件系统接口访问和管理数据。文件存储具有高兼容性和高可用性，适用于文件共享和协作，如文档、图片、代码等。

（四）网络技术

云计算依赖于高速、可靠的网络技术，提供数据的传输和通信。常见的网络技术包括软件定义网络（SDN）、网络功能虚拟化（NFV）等。

SDN 将网络控制和数据转发分离，实现了网络的灵活配置和管理。SDN 控制器集中管理网络流量，提供网络虚拟化、流量工程、服务编排等功能，提高网络的灵活性和可控性。

NFV 将网络功能虚拟化，实现了网络服务的灵活部署和管理。NFV 将传统的网络设备功能虚拟化为软件模块，运行在通用的硬件平台上，提供虚拟路由、虚拟防火墙、虚拟负载均衡等功能，提高网络服务的灵活性和可扩展性。

（五）安全技术

云计算依赖于多层次的安全技术，确保数据和资源的安全性。常见的安全技术包括加密技术、访问控制、安全审计等。

加密技术通过对数据进行加密处理，确保数据在传输和存储过程中的安全

性。常见的加密技术包括对称加密、非对称加密、哈希算法等。

访问控制通过身份验证、多因素认证、权限管理等，确保只有经过授权的用户才能访问和操作云资源。常见的访问控制技术包括 ACL、RBAC、ABAC 等。

安全审计通过监控和记录系统和操作，发现和预防潜在的安全问题。常见的安全审计技术包括日志记录、监控与报警、SIEM 等。

第二节 云计算的优势与挑战

一、云计算的安全优势

尽管云计算在安全性方面面临诸多挑战，但其独特的架构和服务模式也赋予了它一些显著的安全优势。以下将深入阐释云计算的安全优势，包括集中管理、资源冗余和灾难恢复、快速部署和更新以及成本效益等方面。

（一）集中管理

云计算环境通常由专业的云服务提供商进行集中管理，这些提供商具备丰富的安全管理经验和先进的安全技术，能够提供高水平的安全保障。集中管理的优势主要体现在以下几个方面。

1. 专业安全团队

云服务提供商通常拥有专业的安全团队，负责云计算环境的安全管理和维护。这些团队具备丰富的安全知识和经验，能够及时发现和应对安全威胁。云服务提供商的安全团队会定期进行安全培训和认证，确保其技能和知识始终处于行业前沿。

2. 先进安全技术

云服务提供商通常采用先进的安全技术，如防火墙、IDS、IPS、加密技术等，提供全面的安全防护。通过部署这些先进的安全技术，云服务提供商可以有效地防范各种类型的安全威胁，确保云计算环境的安全性。

3. 持续安全监控

云服务提供商通常对云计算环境进行 7×24 小时的持续监控，及时发现和响应安全事件。持续安全监控包括网络流量监控、系统日志监控、SIEM 系统等。通过实时监控，云服务提供商可以快速发现异常行为和潜在的安全威胁，并及时采取措施进行处理。

4. 标准化安全流程

云服务提供商通常制定并执行标准化的安全流程，确保云计算环境的安全管理和操作规范。标准化的安全流程包括风险评估、安全测试、安全审计、事件响应等，通过系统化的管理和操作，提升云计算环境的整体安全性。

（二）资源冗余和灾难恢复

云计算环境中通常具备资源冗余和灾难恢复能力，能够在硬件故障或自然灾害发生时迅速恢复数据和服务，确保业务的连续性和可靠性。

1. 资源冗余

云计算环境通常采用多重冗余机制，确保数据和服务的高可用性。资源冗余包括数据冗余、存储冗余、网络冗余等。数据冗余通过在多个物理位置存储副本，确保在单点故障时数据仍然可用。存储冗余通过多重存储设备和技术，确保在存储设备故障时数据的完整性和可用性。网络冗余通过多条网络路径和设备，确保在网络故障时通信的连续性。

2. 灾难恢复

云计算环境通常具备完善的灾难恢复机制，能够在灾难发生时迅速恢复数据和服务。灾难恢复包括数据备份、恢复测试、灾难恢复计划等。数据备份通过定期的备份操作，确保在数据丢失或损坏时能够恢复。恢复测试通过定期的恢复演练，确保备份数据的可用性和恢复过程的可行性。灾难恢复计划通过详细的计划和预案，确保在灾难发生时能够迅速有效地恢复数据和服务，保障业务的连

续性。

3. 自动故障转移

云计算环境通常支持自动故障转移，确保在硬件故障或网络故障发生时，系统能够自动切换到备用资源，保证服务的连续性。自动故障转移通过监控和管理系统的运行状态，及时发现故障并进行切换，确保用户不会受到影响。

（三）快速部署和更新

云计算环境中的安全措施可以快速部署和更新，及时应对新的安全威胁和漏洞。云服务提供商通常会定期更新其安全技术和措施，确保其服务的安全性。

1. 自动化部署

云计算环境支持自动化部署和更新，确保安全措施的及时性和一致性。自动化部署包括自动更新、安全补丁管理、配置管理等。通过自动化工具，云服务提供商可以快速部署和更新安全措施，确保系统的安全性和可靠性。

2. 快速响应

云服务提供商通常具备快速响应机制，能够及时应对新的安全威胁和漏洞。快速响应包括威胁情报分析、漏洞修复、紧急响应等。云服务提供商通过实时监控和分析安全情报，及时发现和应对新的安全威胁，确保系统的安全性。

3. 持续改进

云服务提供商通常对其安全措施进行持续改进，不断提升安全防护能力。持续改进包括安全评估、安全测试、安全审计等。通过定期的安全评估和测试，云服务提供商可以发现和改进系统中的安全问题，提升整体的安全防护水平。

（四）成本效益

通过共享资源和集中管理，云计算能够提供更具成本效益的安全解决方案。企业无须自行部署和维护昂贵的安全基础设施，可以通过云服务享受高水平的安全保障。

1. 资源共享

云计算通过资源共享降低成本，提高资源利用率。资源共享包括计算资源、存储资源、网络资源等。通过共享资源，企业可以按需获取和使用计算资源，避免了资源的浪费和闲置。

2. 规模效应

云计算通过规模效应降低成本，提高服务质量。规模效应包括大规模数据中心、大规模网络基础设施、大规模安全防护等。通过大规模的资源整合和优化，云服务提供商可以提供高效、低成本的安全解决方案。

3. 按需付费

云计算通过按需付费模式降低成本，提高灵活性和可扩展性。按需付费包括按使用量付费、按时间付费、按服务级别付费等。通过按需付费模式，企业只需为实际使用的资源和服务付费，避免了固定成本和资源浪费。

二、云计算的安全挑战

尽管云计算为企业提供了诸多优势，如高效、灵活、可扩展等，但在安全性方面也面临着一系列挑战。这些挑战主要集中在数据安全、访问控制、合规性和隐私保护等方面。以下将对云计算面临的安全挑战进行深入的阐释。

（一）数据安全

数据安全是云计算中最重要的安全挑战之一。在云计算环境中，数据在传输、存储和处理过程中可能遭遇未经授权的访问、篡改和丢失等。确保数据安全需要多层次的安全措施，包括加密、备份、访问控制和数据完整性验证等。

1. 数据传输安全

在云计算环境中，数据经常在不同的网络之间传输，容易受到中间人攻击、窃听和篡改的威胁。为了确保数据传输的安全性，必须使用安全的传输协议，如SSL/TLS、IPSec等。这些协议通过对数据加密，确保数据在传输过程中不被截获

和篡改。

2. 数据存储安全

云计算环境中的数据存储在共享的物理基础设施上，容易受到物理破坏、磁盘故障和恶意攻击的威胁。为确保数据存储的安全性，需要采用加密存储、冗余存储和访问控制等措施。加密存储可以防止未经授权的访问，冗余存储则可以在硬件故障时保持数据的可用性。

3. 数据处理安全

在云计算环境中，数据处理涉及多个虚拟机和容器，容易受到恶意代码和未授权访问的威胁。为了确保数据处理的安全性，需要采用安全的虚拟化技术、隔离机制和安全审计等措施。这些措施可以防止不同虚拟机相互影响，确保数据处理的完整性和机密性。

（二）访问控制

云计算环境中资源的共享性使访问控制变得尤为重要。有效的访问控制可以确保只有经过授权的用户才能访问和操作云资源，防止未经授权的访问和操作。访问控制技术包括身份验证、多因素认证和权限管理等。

1. 身份验证

身份验证是访问控制的基础，确保用户身份的真实性和合法性。常用的身份验证技术包括用户名和密码、生物识别和证书认证等。用户名和密码是最常见的身份验证方式，但其安全性依赖于密码的复杂性和保密性，容易受到暴力破解和钓鱼攻击的威胁。生物识别通过用户的生物特征进行身份验证，如指纹、面部识别和虹膜识别等，具有较高的安全性，但其可靠性和用户接受度需要考虑。证书认证通过数字证书进行身份验证，确保用户身份的真实性和合法性，具有较高的安全性。

2. 多因素认证

多因素认证是通过不同的认证手段提高身份验证的安全性。常用的多因素认证包括短信验证码、动态口令和生物识别等。短信验证码通过发送短信验证码进行身份验证，用户需要在登录时输入短信接收到的验证码。动态口令通过硬件或软件生成的临时口令进行身份验证，用户需要在登录时输入动态口令。生物识别在多因素认证中常用作第二因素，提高身份验证的安全性。

3. 权限管理

权限管理是对用户访问和操作云资源的权限进行控制，确保用户只能执行其被授权的操作。常用的权限管理技术包括 ACL、RBAC 和 ABAC 等。ACL 通过设定访问权限的列表控制用户对资源的访问和操作。RBAC 通过定义用户角色和角色权限进行访问控制，用户通过角色获得相应的访问权限。ABAC 通过定义用户属性、资源属性和环境属性进行访问控制，基于策略评估决定访问权限。

（三）合规性

国家和行业不同，数据保护和隐私安全的法规也不相同，云服务提供商和用户需要确保其服务和操作符合相关法规。合规性问题包括数据存储位置、数据处理和传输的合法性等方面。

1. 法律法规遵从

确保云计算服务和操作符合相关法律法规的要求是合规性的重要方面。例如，欧盟的《通用数据保护条例》（GDPR）对数据保护和隐私安全提出了要求，云服务提供商和用户需要确保其服务和操作符合 GDPR 的要求，保障个人数据的安全性和隐私性。美国的《健康保险可移植性和责任法案》（HIPAA）对医疗信息的隐私和安全提出了要求，云服务提供商和用户需要确保其服务和操作符合 HIPAA 的要求，保护医疗信息的机密性和完整性。支付卡行业数据安全标准（PCI-DSS）对支付卡数据的安全处理和存储提出了要求，云服务提供商和用户需要确保其服务和操作符合 PCI-DSS 的要求，保护支付卡数据的安全性和机密性。

2. 行业标准遵从

确保云计算服务和操作符合相关行业标准也是合规性的重要方面。例如，ISO/IEC 27001 是国际信息安全管理体系标准，对信息安全管理的最佳实践和要

求做出了规定。云服务提供商和用户需要建立和实施符合 ISO/IEC 27001 的安全管理体系，确保信息和系统的安全性。美国国家标准与技术研究院（NIST）制定的信息安全控制标准（NIST SP 800-53）对信息系统和组织的安全控制措施做出了规定，云服务提供商和用户需要遵循 NIST SP 800-53 的要求，实施全面的信息安全控制，保护信息和系统的安全性。云安全联盟（CSA）的云控制矩阵（CCM）是专门针对云计算环境的信息安全控制框架，对云服务提供商和用户的安全控制措施做出了规定，云服务提供商和用户需要遵循 CSA CCM 的要求，确保云计算环境的安全性和合规性。

3. 合规审计

合规审计是对云服务的合规性定期进行审计和评估，确保云服务的合法性和安全性。合规审计可以通过内部审计、外部审计和第三方评估等进行。内部审计由云服务提供商或用户内部的审计部门进行，评估云服务的合规性和安全性，可以发现和改进内部管理和控制中的问题。外部审计由独立的第三方审计机构进行，评估云服务的合规性和安全性，提供客观、公正的评估结果，增强云服务的透明度和可信度。第三方评估由专业的安全评估机构进行，通过安全测试、漏洞扫描、风险评估等，发现和改进云服务中的安全问题，确保云服务的合法性和安全性。

（四）隐私保护

在云计算环境中，用户的数据可能存储在共享的物理基础设施上，这对用户数据的隐私保护提出了挑战。隐私保护涉及多方面的技术和管理措施，包括数据加密、匿名化处理和严格的访问控制等。

1. 数据加密

通过对数据进行加密处理，可以确保只有经过授权的用户才能访问和解密数据。数据加密包括传输加密和存储加密，常用的加密算法包括对称加密算法（如 AES）、非对称加密算法（如 RSA）和哈希算法（如 SHA）。传输加密通过使用安全的传输协议（如 SSL/TLS、IPSec）保护数据在网络传输过程中的安全性。存储加密通过对存储介质上的数据进行加密保护，确保数据在存储过程中的安全性。

2. 匿名化处理

通过对数据进行匿名化处理，可以保护用户数据的隐私性。匿名化处理包括数据脱敏、伪匿名化和完全匿名化等技术。数据脱敏通过对敏感数据进行替换、遮蔽等处理，使其无法直接识别个人身份。伪匿名化通过对数据进行编码、加密等处理，使其难以与个人身份直接关联。完全匿名化通过对数据进行完全匿名处理，使其无法识别个人身份。

3. 严格的访问控制

通过严格的访问控制措施，可以确保只有经过授权的用户才能访问和操作云资源。访问控制包括身份验证、多因素认证和权限管理等技术。身份验证通过用户名和密码、生物识别、证书认证等技术确认用户身份的真实性和合法性。多因素认证通过多种不同的认证手段提高身份验证的安全性。权限管理通过 ACL、RBAC、ABAC 等技术，确保用户只能进行其被授权的操作。

第三节 云安全管理

一、服务级别协议（SLA）

SLA 是云服务提供商与用户之间的合同，详细规定了云服务的性能、安全性、可用性等方面的指标及双方的责任。SLA 在云计算环境中起着至关重要的作用，既保障了用户的利益，又明确了服务提供商的职责。以下将对 SLA 的内容进行深入的扩写和丰富的阐释。

（一）SLA 的基本组成

SLA 的基本组成部分包括服务范围、性能指标、安全性指标、可用性指标、

责任和补偿机制等。这些内容确保了用户和服务提供商对服务质量和安全性的共同理解和承诺。

1. 服务范围

服务范围明确了SLA所涵盖的服务内容和边界。包括具体的云服务类型（如IaaS、PaaS、SaaS）、服务组件（如计算、存储、网络）、支持的操作系统和应用软件等。

①服务描述：详细描述每项服务的功能和特性，确保用户了解所购买服务的具体内容和限制。

②服务边界：明确服务提供商的责任范围和用户的责任范围，避免责任不清导致的纠纷。例如，服务提供商负责基础设施的维护和管理，而用户负责应用程序的配置和管理。

2. 性能指标

性能指标是SLA中最重要的部分之一，规定了云服务在特定条件下应达到的性能水平。常见的性能指标包括响应时间、处理能力和数据传输速率。

①响应时间：指服务提供商在接收到用户请求后做出响应的时间。通常对不同类型的请求（如API调用、用户登录、数据查询）有不同的响应时间要求。

②处理能力：指系统在单位时间内能够处理的任务量。例如，每秒处理的交易数量（TPS）、每秒处理的请求数量（RPS）等。

③数据传输速率：指数据在网络上传输的速度。通常以每秒千字节（KB/s）或每秒兆字节（MB/s）为单位。传输速率对于流媒体服务、文件传输等业务尤为重要。

3. 安全性指标

安全性指标规定了云服务在安全方面应达到的标准，确保数据和系统的安全。包括数据加密、访问控制和安全审计等。

①数据加密：规定数据在传输和存储过程中的加密标准和技术，确保数据的机密性和完整性。例如，要求使用AES-256加密算法进行数据加密。

②访问控制：规定用户身份验证和权限管理的要求，确保只有经过授权的用

户才能访问和操作云资源。例如，要求使用 MFA 和 RBAC。

③安全审计：规定日志记录和监控的要求，确保能够及时发现和响应安全事件。例如，要求记录所有的用户登录活动、数据访问操作和配置变更，并保留至少 90 天的日志记录。

4. 可用性指标

可用性指标规定了云服务的可用性水平，确保服务的连续性和可靠性。包括服务可用性、故障恢复时间和灾难恢复能力等。

①服务可用性：指云服务在特定时间段内可用的百分比。通常以月度或年度计算，例如 99.9%、99.99% 等。高可用性对于关键业务应用至关重要。

②故障恢复时间：指在发生故障后，服务恢复到正常状态所需的时间。通常分为平均故障恢复时间（MTTR）和最大故障恢复时间（MTBF）。

③灾难恢复能力：指在重大灾难发生后，服务恢复数据和业务的能力。包括数据备份频率、恢复点目标（RPO）和恢复时间目标（RTO）等。

5. 责任和补偿机制

责任和补偿机制明确了服务提供商和用户在服务故障和性能不达标时的责任和处理方式。包括服务提供商的责任、用户的责任、补偿机制等。

①服务提供商的责任：规定服务提供商在服务故障和性能不达标时应采取的措施。例如，及时通知用户、修复故障、提供技术支持等。

②用户的责任：规定用户在使用云服务时应遵守的规则。例如，妥善管理访问权限、及时更新安全补丁、遵守使用规范等。

③补偿机制：规定服务提供商在未能达到 SLA 承诺时应提供的补偿方式。例如，提供服务费退款、延长服务期限、提供额外的技术支持等。

（二）SLA 在云安全管理中的作用

SLA 在云安全管理中起着关键作用，通过明确的服务质量和安全性承诺，帮助用户和服务提供商建立信任关系，确保云服务的安全性和可靠性。

1. 提升服务透明度

SLA 让用户能够清晰地看到服务提供商的承诺与实力。通过详细的 SLA，用户不再需要担心服务的“黑箱操作”，而是可以明确知道服务提供商将提供哪些服务，这些服务的具体内容和质量标准是什么。这种透明度不仅有助于用户做出更加明智的选择，还能够有效避免由于信息不对称而导致的风险和不确定性。

具体而言，SLA 中通常会包含服务描述、性能指标、服务可用性承诺等内容。服务描述部分会详细列出服务提供商将提供的各项服务，包括但不限于基础设施服务、平台服务、软件服务等。性能指标则是对这些服务质量的量化要求，如响应时间、处理速度、数据传输速率等。而服务可用性承诺则是对服务稳定性和可靠性的保障，确保用户在使用云服务时能够享受到连续、稳定的服务体验。

2. 明确责任分工

在云服务合作中，责任分工的明确性至关重要。SLA 作为双方合作的法律文件，为服务提供商和用户划定了清晰的责任边界。通过 SLA 的约定，双方可以明确各自在云服务中的权利和义务，避免在出现问题时因责任不清而产生纠纷。

例如，SLA 中可能会规定服务提供商负责基础设施的安全和管理，包括物理设施的安全防护、网络架构的稳定性、系统备份与恢复等。而用户则负责应用程序的配置和管理，包括应用程序的部署、更新、维护以及数据的安全存储等。这样的分工不仅有助于双方更好地履行各自的职责，还能够提高云服务的整体效率和安全性。

3. 保障服务质量

SLA 通过严格的性能和安全性指标，为云服务的质量提供了坚实的保障。这些指标不仅是对服务提供商的约束和要求，更是对用户权益的保障和承诺。

在性能方面，SLA 通常会规定响应时间、处理速度、数据传输速率等关键指标。这些指标直接关系到用户在使用云服务时的体验。通过设定合理的性能指标并严格监督执行，可以确保云服务的高效性和可靠性。一旦服务提供商未能达到这些指标要求，用户就有权要求服务提供商采取相应的补救措施或提供经济补偿。

在安全性方面,SLA 同样会规定一系列的安全性指标和措施。例如数据加密、访问控制、安全审计等。这些措施旨在确保用户数据和系统的安全性，降低安全风险。同时 SLA 还会明确服务提供商在发生安全事件时的应急响应机制和处理流程，确保用户能够及时得到支持和帮助。

4. 增强安全保障

SLA 作为云安全管理的重要组成部分，通过详细的安全性指标和措施为云安全提供了强有力的保障。

首先，SLA 会要求服务提供商采取一系列的安全防护措施来确保用户数据和系统的安全。这些措施包括但不限于数据加密、访问控制、入侵检测与防御等。通过这些措施的实施可以大大降低数据泄露、非法访问等安全事件的风险。

其次,SLA 会规定服务提供商在发生安全事件时的应急响应机制和处理流程。这些规定有助于在发生安全事件时能够迅速定位问题、评估影响范围并采取相应的补救措施。同时也有助于减少因安全事件给用户带来的损失和影响。

5. 提供补偿机制

尽管 SLA 通过一系列的规定和措施来保障云服务的质量和安全性，但在实际操作中仍有可能出现服务不达标的情况。为了保障用户在这种情况下的权益，SLA 通常会提供补偿机制作为最后的防线。

补偿机制的具体内容会根据 SLA 的约定而有所不同。但通常情况下会包括经济补偿、服务折扣、延长服务期限等方式。通过这些补偿措施可以弥补用户因服务不达标而遭受的损失和不便。同时也有助于激励服务提供商不断提升服务质量和水平以满足用户的需求和期望。

（三）SLA 的制定与管理

SLA 的制定与管理是云安全管理中的重要环节，通过科学的制定和有效的管理，确保 SLA 的执行效果和持续改进。

1. SLA 的制定

SLA 的制定应基于全面的需求分析和风险评估，确保指标合理、可行。制定

SLA 时，应考虑以下因素。

①业务需求：根据用户的业务需求，确定服务的范围和性能指标。例如，对于关键业务应用，SLA 应提出更高的可用性和响应时间要求。

②风险评估：通过全面的风险评估，识别潜在的安全风险和威胁，制定相应的安全性指标。例如，对于涉及敏感数据的服务，SLA 应提出更严格的数据加密和访问控制要求。

③行业标准：参考行业标准和最佳实践，确保 SLA 的科学性和合理性。例如，参考 ISO/IEC 27001、NIST SP 800-53 等标准，制定符合国际标准的 SLA。

2. SLA 的管理

SLA 的管理包括监控、评估和改进等环节，确保 SLA 的执行效果和持续改进。

①监控：通过实时监控和数据收集，及时发现和响应 SLA 的执行情况。例如，使用监控工具和平台，实时监控系统的性能和安全性，确保服务符合 SLA 的要求。

②评估：定期评估 SLA 的执行效果，发现和分析偏差和问题。例如，定期生成服务报告和绩效评估报告，评估服务提供商的服务质量和 SLA 的执行效果。

③改进：根据评估结果，制定和实施改进措施，提升 SLA 的执行效果。例如，根据用户反馈和评估结果，优化服务流程和技术措施，提高服务的性能和安全性。

（四）SLA 面临的挑战与解决方案

SLA 在云安全管理中面临一些挑战，需要制定和实施相应的解决方案，确保 SLA 的有效性和可靠性。

1. 指标定义困难

用户期望与服务提供商的实际能力之间天然存在鸿沟，如何制定出既符合用户期待又不过度压迫服务提供商的 SLA 指标，成为摆在 SLA 面前的首要难题。这种平衡的艺术，需要深入的市场调研、详尽的用户需求分析，以及对服务提供商技术能力的精准评估，任何一环的疏忽都可能导致 SLA 指标的不合理或不可行。

2. 监控和评估复杂

在数字化时代，虽然有了更多的技术手段来获取实时数据，但如何高效地处理这些数据，并从中提炼出对 SLA 执行效果有指导意义的洞察，却是一项极具挑战性的任务。这不仅要有先进的监控工具和分析平台，还需要专业人员具备深厚的数据分析和解读能力。否则，监控和评估的复杂性就可能转化为高昂的管理成本，甚至影响到 SLA 的执行效果。

3. 责任分工不清

在复杂的服务链条中，任何一个环节的失误都可能影响到整个服务的交付质量。因此，明确和详细的责任分工对于确保 SLA 的顺利执行至关重要。然而，在实际操作中，由于服务链条的复杂性和多变性，责任分工往往难以尽善尽美。一旦出现问题，就可能因为责任不清而引发纠纷和争议，进而影响到用户的利益和服务的连续性。

4. 解决方案

①科学定义指标：通过全面的需求分析和风险评估，科学定义 SLA 的指标，确保指标合理、可行。例如，基于用户需求和风险评估结果，制定平衡用户需求和服务提供商能力的指标。

②优化监控和评估：通过引入先进的监控和评估工具，优化 SLA 的监控和评估，确保准确性和及时性。例如，使用自动化监控和评估平台，实时监控系统的性能和安全性，生成准确的服务报告。

③明确责任分工：通过详细的 SLA 文档，明确责任分工，确保双方的责任界限清晰。例如，通过详细的责任描述和例外情况处理，确保服务提供商和用户的责任分工清晰，避免责任不清导致的纠纷。

二、数据备份与恢复

数据备份与恢复是云计算环境中确保数据安全和业务连续性的关键措施。

通过系统的数据备份策略和有效的恢复机制，企业可以在数据丢失、损坏或其他灾难事件发生时迅速恢复数据，确保业务的连续性和稳定性。以下将详细阐述数据备份与恢复的内容，包括数据备份策略、备份存储管理和数据恢复测试等方面。

（一）数据备份策略

数据备份策略是确保数据备份的频率、范围和方法，常用的备份策略包括全量备份、增量备份和差异备份等。合理的数据备份策略能够有效保护数据，减少数据丢失风险。

1. 全量备份

全量备份是一种全面的数据保护方式，它确保所有数据都被完整备份，从而能在数据丢失或损坏时迅速恢复。此方法的核心优势在于其恢复速度，一旦需要，即可通过单一操作快速还原所有数据，使恢复过程变得简便快捷。然而，这一优势也伴随着显著的缺点：全量备份会消耗大量存储空间，并且备份过程耗时较长，还可能对系统性能造成一定影响。

鉴于其特性，全量备份更适合应用于数据量相对较小且变化不频繁的系统。此外，它也可以作为定期备份策略中的一部分，与增量备份或差异备份结合使用，以实现更高效的数据保护。通过合理规划和配置，可以充分发挥全量备份的优势，同时降低其缺点带来的影响。

2. 增量备份

增量备份是一种专注于自上次备份以来发生变化的数据进行备份的策略，其优势在于显著减少了备份时间和存储空间的需求。具体而言，增量备份仅备份那些最近一次备份后有所变动的数据部分，因此备份速度大幅提升，同时存储空间需求也相应减少，这对于减轻备份窗口期对系统性能的影响尤为关键。但是，增量备份也存在局限性。在数据恢复过程中，由于需要依赖多次的增量备份数据，恢复流程会相对复杂，且耗时较长。具体而言，恢复工作通常需要从最近的全量备份开始，然后逐一应用所有的增量备份，直至恢复到所需的状态。

尽管如此，增量备份在特定场景下仍具有极高的应用价值。对于那些数据变动频繁且备份窗口期有限的系统而言，增量备份无疑是一个理想的选择。此外，为了进一步提升备份和恢复的效率和灵活性，增量备份往往与全量备份相结合，形成混合备份策略。这种策略既能确保数据的安全性和完整性，又能有效应对各种复杂的备份和恢复需求。

3. 差异备份

差异备份属于全量备份与增量备份的结合体，专注于捕获最近的全量备份后发生变化的数据。其优势在于，既保留了全量备份的全面性，又具备了增量备份的针对性，从而实现了备份速度的平衡与恢复过程的简化。在恢复数据时，用户只需结合一次全量备份与最新的差异备份，即可迅速恢复系统状态，极大提升了恢复效率。然而，随着时间的推移，差异备份累积的数据量会显著增加，进而对存储空间提出更高要求，并可能导致备份时间的延长。因此，差异备份更适用于那些追求快速恢复能力的系统，并常作为定期备份策略的一部分，与全量备份相辅相成。

（二）备份存储管理

备份存储管理是确保备份数据的安全存储和有效管理，常用的存储管理技术包括磁盘存储、磁带存储和云存储等。合理的备份存储管理能够提高数据安全性和恢复效率。

1. 磁盘存储

磁盘存储利用硬盘等介质进行数据存储，特别适用于中小规模的数据备份。其优点包括高存取速度，支持快速备份与恢复操作，且支持随机访问，管理和维护较为简便。其缺点在于存储成本高昂，特别不适用于大规模数据备份场景。磁盘存储通常应用于需要频繁访问备份数据、要求快速恢复的系统，如操作系统备份、数据库备份等。

2. 磁带存储

磁带存储作为数据备份的重要手段，其优势在于高存储密度与低成本，非

常适合长期数据保存及大规模数据备份需求，同时展现出较高的耐用性和可靠性。然而，其缺点亦不容忽视：存取速度相对较慢，尤其在随机访问时，备份与恢复过程耗时较长，且管理与维护复杂度较高。鉴于此，磁带存储更适用于长期归档及大量历史数据的备份，常见于企业级数据中心、金融机构等追求大规模数据备份效率的场景。

3. 云存储

云存储是一种利用云计算平台提供的高效存储服务，具备高灵活性和可扩展性两大显著优点。它支持按需分配存储资源，不仅便于远程访问，还支持多地备份，确保数据安全无忧。同时，云存储提供多层次的安全保障和管理服务，让数据管理更加省心。然而，云存储也存在依赖网络连接、数据传输速度受限、成本较高等不足，特别是在处理大规模数据传输和存储时更为明显。尽管如此，云存储依然广泛应用于需要高灵活性和可扩展性的系统，尤其是在分布式环境和跨地域数据备份场景中，展现出明显优势。企业数据备份、云应用数据备份等领域都是云存储的重要应用场景。

（三）数据恢复测试

数据恢复测试是定期对备份数据进行恢复测试，确保数据的可用性和完整性。恢复测试可以通过模拟灾难场景、实际恢复操作等方式进行。

1. 模拟灾难场景

通过模拟各种可能的灾难场景，如硬件故障、网络攻击、自然灾害等，测试备份数据的恢复过程和效果，确保在实际灾难发生时能够迅速恢复数据和服务。

①模拟硬件故障：模拟服务器、存储设备等硬件故障，测试在硬件故障情况下的数据恢复能力和恢复速度，确保备份数据的可靠性。

②模拟网络攻击：模拟网络攻击，如 DDoS 攻击、勒索软件攻击等，测试在网络攻击情况下的数据恢复能力和应急响应能力，确保数据和系统的安全性。

③模拟自然灾害：模拟自然灾害，如地震、火灾、洪水等，测试在自然灾害情况下的数据恢复能力和业务连续性，确保灾后能够迅速恢复正常运营。

2. 实际恢复操作

通过实际恢复备份数据，测试数据恢复的完整性和可用性，确保备份数据在需要时能够准确无误地恢复。

①恢复关键数据：选择业务关键数据进行实际恢复测试，确保关键数据在恢复过程中的完整性和可用性，验证备份策略的有效性。

②全系统恢复：定期进行全系统恢复测试，验证在灾难情况下能够恢复整个系统，确保业务的连续性和系统的可靠性。

③恢复时间测试：测试数据恢复所需时间，评估恢复时间目标（RTO）的达成情况，确保在规定时间内能够恢复业务运营。

3. 恢复测试报告

记录和分析恢复测试的过程和结果，发现和改进备份和恢复策略中的问题，确保备份数据的可靠性和恢复过程的可行性。

①测试结果记录：详细记录恢复测试的每个步骤和结果，确保测试过程透明可追溯，便于分析和改进。

②问题分析与改进：分析恢复测试中发现的问题，制定和实施改进措施，优化备份和恢复策略，提升数据恢复能力。

③恢复能力评估：根据恢复测试结果，评估整体数据恢复能力，确保在实际灾难情况下能够迅速、准确地恢复数据和业务。

第六章

物联网与网络安全

第一节　物联网安全概述

一、物联网的基本认知

物联网（Internet of Things，IoT）是通过互联网将各种设备、传感器、机器和系统连接在一起，实现信息的采集、传输、处理和管理的一种技术。物联网旨在通过设备间的互联互通，实现智能化管理和服务，从而提高效率、降低成本和改善生活质量。

（一）物联网的定义与特点

1. 定义

物联网是指通过互联网将物理世界的各种设备连接起来，形成一个智能化的网络系统。在这个系统中，各种设备可以相互通信和协同工作，实现数据的共享和智能化处理。物联网涵盖了从设备到数据到应用的整个生态系统。

2. 特点

（1）普适性

物联网的普适性是其最为显著的特征之一，它跨越了传统技术与行业的界限，将智能化、网络化的触角延伸至社会生活的每一个角落。例如，在智能家居领域，从智能灯泡到全屋智能控制系统，物联网技术让家居生活变得更加便捷与舒适；智能城市方面，通过物联网技术实现的智能交通、环境监测、公共安全等，有效提升了城市管理效率与居民生活质量。此外，工业自动化、医疗健康、交通物流等行业的深度融入，更是展现了物联网技术无处不在的普适魅力。

（2）互联互通

物联网的互联互通特性是其实现信息共享与协同工作的基石。在互联网的支撑下，各类物联网设备得以跨越物理空间的限制，实现无缝连接与高效通信。这种连接不仅限于设备之间，更包括设备与云端、设备与用户之间的信息交互。通过标准化的通信协议与接口设计，物联网系统能够确保数据的准确传输与实时共享，为后续的数据分析与处理提供坚实的基础。正是这种强大的互联互通能力，使物联网能够构建起一个复杂而有序的生态系统，实现资源的最优配置与高效利用。

（3）智能化

物联网的智能化是其区别于传统网络系统的关键所在。通过集成传感器、大数据、人工智能等先进技术，物联网系统能够实现对海量数据的实时采集、处理与分析，进而做出智能化的决策与控制。例如，在智能家居领域，智能音箱可以根据用户的语音指令自动调整家居环境；在工业自动化中，智能机器人能够根据生产线上的实时数据调整工作参数以优化生产效率。这种智能化的决策与控制机制不仅提高了系统的自动化水平与运行效率，还极大地降低了人工干预的成本与风险。

（4）多样性

物联网设备的多样性是其生态系统繁荣发展的重要保障。从简单的温湿度传感器到复杂的无人机、无人驾驶汽车等高端设备，物联网涵盖了众多类型与功能的设备。这种多样性不仅满足了不同行业与场景的多样化需求，还促进了技术创新与产业升级的良性循环。同时，多样化的设备也为物联网系统提供了丰富的数据来源与多样化的应用场景，进一步推动了物联网技术的快速发展与广泛应用。

（5）实时性

物联网系统的实时性是其实现高效监控与快速响应的关键。通过实时采集

与处理数据，物联网系统能够准确掌握环境与设备的实时状态并及时做出响应。例如，在医疗健康领域，智能穿戴设备可以实时监测患者的生理指标并在异常情况下发出警报；在交通物流领域，物联网技术可以实现车辆定位与货物追踪以确保运输安全与效率。这种实时性的特点使物联网系统能够迅速应对各种突发事件与异常情况，确保系统的稳定与高效运行。

（二）物联网的发展历程

物联网的发展可以追溯到20世纪末期，随着互联网和通信技术的快速发展，物联网逐渐成为现实。物联网的发展经历了以下几个阶段。

1. 萌芽阶段

物联网的概念最早可以追溯到1982年，当时美国卡内基梅隆大学的一个项目团队将一台可乐贩卖机连接到互联网，实现了远程监控。这是物联网的早期尝试。它展示了物物相连的可能性，激发了人们对于物联网技术的无限遐想。这一阶段的物联网技术主要依赖于有线或无线通信技术，实现了一定范围内的设备互联。然而，由于技术水平的限制，物联网的应用范围相对有限，主要集中在一些特定的领域和场景中。

2. 初步发展阶段

随着无线通信技术和嵌入式系统的发展，物联网的概念逐渐被提出和推广。2005年，国际电信联盟发布了《物联网报告》，正式提出了物联网的概念。这一阶段的物联网技术不再局限于简单的设备互联，而是开始注重数据的收集、处理和分析。通过构建物联网平台，实现了设备之间的信息共享和协同工作。同时，物联网技术也开始在农业、工业、交通等领域得到应用，为这些行业的数字化转型提供了有力支持。

3. 快速发展阶段

进入21世纪10年代，物联网技术迎来了前所未有的发展机遇。随着智能手机、传感器、云计算和大数据技术的普及和应用，物联网技术得以迅速普及和推广。在这一阶段，物联网的应用场景不断扩展，从智能家居、智慧城市到智能制造、智慧医疗等领域涌现出了大量的物联网应用案例。这些应用不仅提高了生产效率、降低了运营成本，还极大地改善了人们的生活质量。同时，物联网技术还促进了不同行业之间的跨界融合和创新发展，为经济社会的可持续发展注入了新的活力。

4. 全面应用阶段

如今，物联网技术已经全面进入应用阶段。在全球范围内，物联网技术已经深入人们生活的方方面面，成为推动各行业数字化转型的重要力量。在这一阶段，物联网技术与5G、人工智能、区块链等新兴技术的融合进一步加速了物联网的发展。通过引入更先进的通信技术和智能算法，物联网系统能够实现更加高效、精准的数据传输和处理。同时，区块链技术的引入也为物联网系统的安全性和可信度提供了有力保障。这些技术的融合不仅提升了物联网系统的智能化水平，还推动了物联网技术在更多领域的应用和创新。

二、物联网架构

物联网架构是指物联网系统的层次结构和组成部分，包括设备层、网络层、平台层和应用层等。物联网架构的设计和实现对于确保物联网系统的高效运行和安全性至关重要。

（一）设备层

设备层是物联网架构的基础层，由各种物联网设备和传感器组成。设备层负责数据的采集和初步处理，是物联网系统的感知层。

1. 传感器

传感器是物联网设备的重要组成部分，用于采集环境中的各种数据。传感器种类繁多，包括温度传感器、湿度传感器、光传感器、压力传感器、加速度传感器等。

2. 执行器

执行器是物联网设备的另一重要组成部分，用于执行控制命令，实现对物

理世界的操作。执行器包括电机、继电器、阀门、灯光等。

3. 嵌入式系统

嵌入式系统是集成了传感器、处理器、通信模块等的微型计算机系统，用于数据的采集、处理和传输。嵌入式系统具有低功耗、体积小、功能强等特点，广泛应用于物联网设备中。

（二）网络层

网络层是物联网架构的中间层，负责数据的传输和通信。网络层通过各种有线和无线通信技术，将设备层采集的数据传输到平台层进行处理和存储。

1. 有线通信

有线通信技术包括以太网、光纤通信等，具有传输速度快、稳定性高、抗干扰能力强等优点。主要应用于需要高带宽和高可靠性的物联网系统中。

2. 无线通信

无线通信技术包括 Wi-Fi、蓝牙、Zigbee、LoRa、NB-IoT 等，具有安装简便、覆盖范围广、成本低等优点。广泛应用于智能家居、智慧城市、工业自动化等领域。

3. 通信协议

网络层采用多种通信协议，实现设备间的数据传输和通信。常用的通信协议包括 TCP/IP、HTTP、MQTT、CoAP 等。这些协议在数据传输的可靠性、实时性和安全性方面各不相同，需根据具体应用场景选择合适的协议。

（三）平台层

平台层是物联网架构的核心层，负责数据的存储、处理和分析。平台层通过大数据和云计算技术，为物联网系统提供强大的数据处理能力和智能化服务。

1. 数据存储

平台层需要存储大量的物联网数据，包括传感器数据、设备状态数据、用户数据等。数据存储技术包括关系型数据库（如 MySQL、PostgreSQL）、NoSQL 数据库（如 MongoDB、Cassandra）、分布式文件系统（如 HDFS）等。

2. 数据处理

平台层需要对海量的物联网数据进行处理和分析，提取有价值的信息。数据处理技术包括实时处理框架（如 Apache Storm、Apache Flink）、批处理框架（如 Apache Hadoop、Apache Spark）等。

3. 数据分析

平台层通过数据分析技术，对物联网数据进行深入挖掘和分析，支持智能化决策和控制。数据分析技术包括机器学习、深度学习、数据挖掘等。

（四）应用层

应用层是物联网架构的顶层，负责为用户提供各种智能化应用和服务。应用层通过对平台层处理和分析的数据进行展示和交互，实现物联网系统的最终功能。

1. 智能家居

智能家居是物联网技术在家庭生活中的应用，通过智能化设备和系统，实现家庭环境的自动化管理和控制。智能家居包括智能照明、智能安防、智能家电、智能温控等应用。

2. 智慧城市

智慧城市是物联网技术在城市管理中的应用，通过智能化系统和平台，实现城市基础设施和公共服务的高效管理。智慧城市包括智能交通、智能能源、智能环保、智能安防等应用。

3. 工业物联网

工业物联网是物联网技术在工业生产中的应用，通过智能化设备和系统，实现生产过程的自动化、智能化管理。工业物联网包括智能制造、智能物流、智能监控、智能维护等应用。

4. 医疗健康

医疗健康是物联网技术在医疗领域的应用，通过智能化设备和系统，实现对患者的远程监控和健康管理。医疗健康包括远程医疗、智能穿戴设备、健康监测、药品管理等应用。

三、物联网技术基础

物联网技术基础是指支持物联网系统运行的核心技术，除了安全技术，还包括传感器技术、通信技术、数据处理技术等。物联网技术基础的不断发展和创新，为其广泛应用提供了坚实的支撑。

（一）传感器技术

传感器是物联网系统的前端设备，用于采集环境中的各种数据。传感器技术的发展，为物联网系统的数据采集提供了可靠的技术保障。

1. 传感器种类

传感器作为现代科技的重要组成部分，其种类繁多，功能各异，极大地推动了各行业的智能化发展。常见传感器有以下几种。

①温度传感器。温度传感器作为感知环境及设备温度变化的核心元件，其精度与响应速度直接关系到系统控制的准确性。在智能家居领域，温度传感器能够实时监测室内温度，配合空调、地暖等设备实现智能温控，为用户创造更加舒适的生活环境。在工业自动化中，温度传感器则扮演着监控设备运行状态、预防过热故障的重要角色。而在农业监测中，通过对土壤温度的精准测量，可以科学指导灌溉、施肥等农事活动，提高农作物产量与质量。

②湿度传感器，湿度传感器专注于环境湿度的监测。在农业领域，湿度传感器能够帮助农民准确掌握作物生长环境的湿度状况，及时调整灌溉策略，防止因湿度过大导致的病虫害或湿度过小引起的作物枯萎。气象部门也常利用湿度传感器来监测大气湿度，为天气预报提供重要数据支持。此外，在建筑领域，湿度传

感器还能用于监测室内湿度，预防湿度过高导致的霉变、腐蚀等问题，保障建筑结构的安全与耐久性。

③光传感器。光传感器是感知光照强度与光照度的关键部件，在智能照明领域发挥着重要作用。通过实时监测环境光照变化，光传感器能够自动调节灯具亮度，实现节能降耗。在农业监测中，光传感器则能够帮助农民了解作物生长所需的光照条件，优化种植布局与光照管理策略。此外，光传感器还广泛应用于摄影、舞台灯光控制等领域，为艺术创作与视觉效果呈现提供技术支持。

④压力传感器与加速度传感器则分别专注于压力与加速度的测量。在工业控制领域，压力传感器能够实时监测设备内部压力变化，预防因压力异常导致的设备故障或安全事故。医疗设备中也常使用压力传感器来监测患者体内压力指标如血压、颅内压等，为临床诊疗提供重要参考。加速度传感器则广泛应用于车辆检测、运动监测等领域。在车辆检测中，加速度传感器能够实时监测车辆行驶过程中的加速度变化，为车辆稳定控制与碰撞预警提供数据支持。在运动监测中，加速度传感器则能够捕捉用户的运动轨迹与速度变化信息，为用户提供个性化的运动建议与健身指导。

2. 传感器技术发展

①微机电系统（MEMS）：MEMS 传感器实现了前所未有的小型化，这使它们能够轻松嵌入各种设备中，甚至是日常用品的微小角落。同时，低功耗和高精度的特性，更是让 MEMS 传感器在物联网领域大放异彩。它们能够实时监测环境变化、人体健康状态等多种参数，为物联网系统提供了丰富的数据。这种广泛的应用不仅提升了物联网的智能化水平，还推动了整个社会的数字化转型。

②智能传感器：智能传感器的出现是传感器技术智能化的重要标志。这些传感器不再仅仅是简单的数据采集工具，而是具备了数据处理和通信能力的智能设备。它们能够自主完成数据的预处理、加密和传输等工作，大大简化了物联网系统的设计和实现过程。同时，智能传感器还能够根据环境变化或用户需求进行自适应调整，提高了系统的稳定性和可靠性。这种智能化的特性使物联网系统更加灵活、高效，能够更好地满足各种复杂场景的需求。

③低功耗传感器：低功耗传感器的发展是物联网设备续航能力的重要保障。随着物联网应用的不断深入，设备长时间运行和低维护的需求日益凸显。低功耗传感器通过优化电路设计、采用先进材料等手段，实现了极低的功耗水平。这使物联网设备能够在不频繁更换电池或接入电源的情况下长时间稳定运行。这种特性不仅降低了物联网系统的维护成本，还提高了用户的使用体验。同时，低功耗传感器也为一些特殊场景下的物联网应用提供了可能，如野外监测、深海探测等。

（二）通信技术

通信技术是物联网系统的数据传输和通信基础，确保数据在设备、网络和平台之间的高效传输和交换。

1. 有线通信技术

（1）以太网

以太网的魅力在于其卓越的性能与广泛的适应性。第一，它传输速度快，能够迅速将海量数据从一端传至另一端，满足工业自动化、智能建筑等场景对实时性的苛刻要求；第二，它稳定性高，意味着在复杂的电磁环境中依然能够保持数据传输的连贯性，减少因丢包、延迟等问题带来的系统不稳定；第三，抗干扰能力强，确保了数据传输的准确性与可靠性。

（2）光纤通信

光纤通信技术以其独特的优势，在物联网领域占据了一席之地。其带宽之大，足以支撑起未来万物互联的庞大数据流量，让高清视频、大数据分析等高带宽需求应用成为可能。而且光纤通信的传输距离远，意味着跨越山川湖海，实现远距离通信不再是梦想，为偏远地区的物联网应用提供了强有力的支持。再加上其抗干扰能力强，确保了数据传输过程中的安全性与稳定性，即使面对复杂的电磁环境，也能保持信号的清晰与完整。

2. 无线通信技术

（1）Wi-Fi

Wi-Fi 技术，作为家庭与办公室中不可或缺的无线通信技术，其传输速度快、覆盖范围广的特点，使智能家居、智慧城市等应用能够轻松实现设备与设备之间的无线连接。用户通过简单的配置，即可享受便捷的网络服务，享受科技带来的便利与舒适。同时，Wi–Fi 技术的成本相对较低，有利于推动物联网技术的普及与应用。

（2）蓝牙

蓝牙技术以其低功耗、短距离通信的特点，在智能穿戴设备、家庭自动化等领域大放异彩。它不仅能够实现设备与设备之间的无线连接，还能在保证传输效率的同时，有效延长设备的使用时间。此外，蓝牙技术的普及程度高，不同品牌、不同型号的设备之间能够实现无缝连接，为用户带来更加便捷的使用体验。

（3）Zigbee

Zigbee 技术以其低功耗、低速率、短距离通信的特点，成为智能家居、工业控制等应用的理想选择。在智能家居领域，Zigbee 技术能够实现家电设备的智能化控制与管理，提高家庭生活的便捷性与舒适度。在工业控制领域，Zigbee 技术则能够实现对生产过程的精确控制与监测，提高生产效率与产品质量。

（4）LoRa

LoRa 技术以其远距离、低功耗的特点，在农业监测、环境监测等领域展现出了巨大的潜力。它能够在广阔的地理区域内实现数据的稳定传输与收集，为农业精准种植、环境监测预警等应用提供了强有力的支持。同时，LoRa 技术的成本相对较低，有利于推动物联网技术在更多领域的广泛应用。

（5）NB–IoT

窄带物联网（NB–IoT）技术作为物联网领域的新兴力量，其覆盖面广、功耗低、成本低的特点，使智慧城市、智能抄表等应用得以实现。它能够实现对海量设备的低成本连接与管理，为智慧城市的建设提供了强有力的技术支撑。同时，NB–IoT 技术的低功耗特性，也使设备的使用寿命有效延长，降低了用户的维护成本。

（二）数据处理技术

数据处理技术是物联网系统的数据存储、处理和分析的基础，为物联网应

用提供强大的数据处理能力和智能化服务。

1. 数据存储技术

从数据存储技术的角度来看，关系型数据库、NoSQL 数据库以及分布式文件系统都扮演着不可或缺的角色。

（1）关系型数据库

关系型数据库以其数据一致性和高可靠性的特性，成为结构化数据存储和管理的首选。在物联网系统中，这种结构化的数据存储方式能够确保数据的准确性和可追溯性，为后续的数据处理和分析奠定坚实的基础。

（2）NoSQL

NoSQL 数据库则以其高扩展性和高性能的优势，在应对大规模数据和非结构化数据存储时展现出独特的魅力。在物联网领域，随着设备数量的激增和数据类型的多样化，NoSQL 数据库为存储和管理这些复杂数据提供了灵活而高效的解决方案。

（3）分布式文件系统

分布式文件系统，如 HDFS，更是以其高可用性和高可靠性的特性，成为处理海量数据存储需求的理想选择。在物联网应用中，分布式文件系统能够确保数据的安全性和可访问性，为大规模数据的集中管理和高效利用提供强有力的支持。

2. 数据处理技术

数据处理技术中的实时处理技术和批处理技术各有千秋，共同为物联网应用提供了强大的数据处理能力。

（1）实时处理

实时处理技术以其低延迟和快速响应的特性，成为需要即时反馈和控制的物联网应用的得力助手。在智能交通、工业自动化等场景中，实时处理技术能够确保数据的实时分析和处理，为决策者提供准确而及时的信息支持。

（2）批处理

批处理技术以其对大量数据的批量处理能力而著称，在物联网应用的离线分析和处理中发挥着重要作用。通过批处理技术，可以对海量数据进行深度挖掘和分析，发现数据中的潜在价值和规律，为物联网应用的优化和升级提供有力支持。

3. 数据分析技术

机器学习、深度学习和数据挖掘技术共同构成了物联网数据分析的强大武器库。

（1）机器学习

机器学习技术以其强大的数据分析和挖掘能力，为物联网应用提供了智能化决策和控制的可能性。通过分类、回归、聚类等算法的应用，人们可以从物联网数据中提取出有价值的信息和特征，为应用提供更加精准的预测和推荐服务。

（2）深度学习

深度学习技术以其对复杂数据的建模和分析能力而备受瞩目。在图像识别、语音识别、自然语言处理等应用中，深度学习技术展现出了惊人的表现力和创造力。通过卷积神经网络、递归神经网络等模型的应用，可以实现对复杂数据的深度分析和理解，为物联网应用带来更加智能和便捷的用户体验。

（3）数据挖掘

数据挖掘技术以其从海量数据中提取有价值信息和知识的能力而著称。通过关联规则、频繁模式挖掘、序列模式挖掘等技术的应用，可以发现数据中的潜在规律和模式，为物联网应用的优化和创新提供有力支持。

第二节 物联网的优势与挑战

一、物联网的安全优势

物联网安全的优势在于它能够有效应对复杂多变的安全威胁，保护数据和设备的安全性和隐私性，从而确保物联网系统的高效运行和稳定性。以下将对物联网安全的优势进行和详细的阐释，包括全方位数据保护、提升业务连续性、增

强用户信任、支持合规性要求、促进技术创新和协作、降低整体运营成本以及提升市场竞争力等多个方面。

（一）全方位数据保护

物联网安全通过多层次的安全防护措施，全方位保护数据的机密性、完整性和可用性，确保数据在采集、传输、存储和处理过程中的安全性。

首先，物联网安全强调的是“端到端”的安全保障。这意味着从设备层、网络层、平台层到应用层，每一个环节都经过精心设计，以确保数据在整个生命周期中的安全。在设备层，物联网设备采用安全芯片、硬件加密等技术，有效防止了物理篡改和数据窃取。同时，设备间的身份认证和访问控制机制，确保了只有授权设备才能接入网络，大大降低了非法入侵的风险。

其次，物联网安全充分利用了大数据和人工智能（AI）的力量。通过对海量数据的实时分析和智能学习，物联网安全系统能够自动识别并应对各种新型威胁。例如，AI 驱动的威胁情报系统能够实时追踪全球范围内的安全事件，快速生成应对策略，为物联网环境提供前置性保护。此外，大数据分析还能帮助发现潜在的安全漏洞和异常行为，为安全加固提供有力支持。

再次，物联网安全注重隐私保护和数据最小化原则。在数据采集和处理过程中，物联网系统遵循严格的隐私政策，确保用户的敏感信息不被滥用或泄露。同时，通过数据最小化原则，系统仅收集和处理完成任务所必需的数据，减少了数据泄露的风险。这种以用户为中心的安全理念，赢得了广大用户的信任和支持。

最后，物联网安全还促进了跨行业、跨领域的协同合作。在应对复杂多变的网络威胁时，单个企业或组织往往难以独力承担。因此，物联网安全领域鼓励各利益相关方加强合作与交流，共同构建开放、共享的安全生态。通过共享威胁情报、联合研发安全技术等措施，物联网安全体系得以不断完善和强化。

（二）提升业务连续性

物联网安全通过实时监控和动态管理，提升物联网系统的业务连续性和稳定

性。确保在安全事件发生时，能够迅速恢复业务，减少影响和损失。

首先，从实时监控的角度来看，物联网技术通过遍布各处的传感器、智能设备等终端，实现了对物理世界的全面感知与数据收集。这一过程不仅为业务运营提供了丰富的数据支持，更为安全监控提供了实时、精准的信息源。当物联网系统遭遇安全威胁时，无论是网络攻击、数据泄露还是设备故障，实时监控机制都能迅速捕捉异常信号，为后续的应对措施赢得宝贵的时间。这种即时的反馈机制，极大地提升了物联网系统的响应速度和应对能力，有效降低了安全风险对业务连续性的影响。

其次，动态管理是物联网安全优势的另一重要体现。在物联网环境中，安全威胁并非一成不变，而是随着技术的发展、应用场景的拓展以及攻击手段的更新而不断变化。因此，物联网安全需要采取一种灵活、动态的管理策略，以应对复杂多变的安全挑战。这包括但不限于：根据安全威胁的实际情况，动态调整安全策略；利用人工智能、大数据等先进技术，对安全事件进行智能分析和预测；以及加强与第三方安全机构的合作，共享安全信息和资源等。通过这些措施，物联网系统能够保持对安全威胁的敏锐感知和有效应对，确保业务在复杂多变的环境中持续稳定运行。

（三）增强用户信任

物联网安全通过严格的安全措施和合规管理，增强用户对物联网服务的信任。确保用户的数据和隐私得到保护，提升用户满意度和信任度。

首先，隐私保护是物联网安全的首要任务。在万物互联的时代，用户的个人数据如同数字世界的血液，流通于各个设备与平台之间。物联网安全通过实施一系列严格的数据隐私保护措施，如数据加密、访问控制以及匿名化处理等，构建起一道坚不可摧的防线，确保用户的个人数据和隐私不被非法获取、泄露或滥用。这种对隐私的尊重与保护，不仅增强了用户的信任感，也为物联网服务的可持续发展奠定了坚实的基础。

其次，合规管理是物联网安全的重要保障。随着全球化和信息化的深入发展，

各国政府和行业组织纷纷出台关于数据保护、隐私安全以及网络安全等方面的法律法规和行业标准。物联网服务提供者必须严格遵守这些规定，通过合规审计和认证等方式，确保自身服务的合法性和合规性。这不仅能够降低法律风险，还能够提升企业的社会责任感和品牌形象，进一步赢得用户的信任和认可。

最后，透明管理是物联网安全的一大亮点。在传统模式下，用户往往难以了解自己所使用的服务背后的安全状况和合规情况。而物联网安全则通过建立透明的安全管理和报告机制，让用户能够清晰地看到服务的安全状态和合规情况。这种透明化的管理方式不仅增强了用户的信任感，还能够促进服务提供者与用户之间的沟通和合作，共同推动物联网服务的健康发展。

（四）支持合规性要求

物联网安全通过实施符合国际和行业标准的安全措施，确保物联网系统符合相关法律法规和合规性要求，保护数据的机密性、完整性和可用性。

首先，从法律法规遵从的角度来看，物联网安全的优势在于其能够主动适应并满足全球范围内不断演变的法律框架。随着数据保护意识的增强，各国政府出台了一系列关于数据隐私、网络安全和个人信息保护的法律法规。物联网系统通过内置的安全机制，如数据加密、访问控制等，确保数据的收集、处理、传输和存储均符合这些法规要求，从而避免了因违规操作而引发的法律风险和声誉损失。

其次，物联网作为一个跨行业、跨领域的综合性技术体系，其安全性需要得到广泛的认可和支持。通过遵循国际和国内公认的物联网安全标准，如 ISO/IEC 27001、NISTIR 8259 等，物联网系统能够在设计、开发、部署和运维等各个环节中保持高度的安全性和合规性。这些标准不仅为物联网系统提供了具体的安全要求和最佳实践，还促进了不同厂商、不同系统之间的互操作性和兼容性，从而降低了整体的安全风险。

最后，合规审计作为物联网安全体系的重要组成部分，其优势在于能够持续监控和评估物联网系统的合规状态。通过定期进行合规审计，企业可以及时发现并纠正系统中的安全漏洞和合规问题，确保系统始终保持在最佳的安全状态。此外，合规审计还能够为企业提供有力的证据支持，以应对可能的法律诉讼和监管调查。

（五）促进技术创新和协作

物联网安全通过推动技术创新和协作，提升物联网系统的安全性和功能性，促进物联网技术的广泛应用和发展。

在技术创新层面，物联网安全技术的飞速发展，不仅包括了数据加密、身份认证等传统安全手段的强化，更融入了区块链、人工智能等前沿科技的精髓。区块链技术以其去中心化、不可篡改的特性，为物联网数据提供了更加可靠的存储与传输保障；而人工智能的引入，则使物联网系统能够智能识别潜在的安全威胁，实现实时防御与响应，极大地提升了安全防护的效率与精准度。

同时，协作模式的深化，也是物联网安全优势的重要体现。面对日益复杂的网络安全挑战，物联网产业链上的各个环节，包括设备制造商、服务提供商、用户等，都需紧密合作，共同构建全方位的安全防护体系。通过共享安全信息、协同制定安全标准、联合开展安全演练等举措，不仅能够有效提升物联网系统的整体安全水平，还能促进整个行业的健康发展。

（六）降低整体运营成本

物联网安全通过预防和应对安全事件，减少安全事件带来的损失和影响来降低整体的运营成本。

首先，从预防成本的角度来看，物联网安全机制的实施，实则是对未来潜在风险的一种前瞻性投资。通过部署先进的加密技术、身份验证机制以及实时监测系统，物联网能够提前识别并阻断潜在的安全威胁，从而避免安全事件的发生。这种“防患于未然”的策略，不仅避免了因数据泄露、设备被控等安全事件导致的直接经济损失，还间接保护了企业的品牌形象和客户信任，其长远价值难以估量。

其次，物联网安全在响应成本上的优势同样显著。当安全事件不幸发生时，物联网系统能够迅速启动应急响应机制，利用智能分析和自动化处理工具，对安

全事件进行快速定位、隔离和恢复。这种高效的响应能力，极大地缩短了安全事件的处理周期，降低了因系统停机、数据丢失等带来的业务中断成本。同时，物联网安全还注重从每一次安全事件中汲取经验，不断优化自身的防护策略，形成一种良性循环，不断提升整体的安全防护水平。

（七）提升市场竞争力

物联网安全通过提升系统的安全性和可靠性，增强企业的市场竞争力，吸引更多的客户和合作伙伴。

一方面，从客户信任的角度来看，物联网安全构建了企业与用户之间坚实的信任桥梁。在信息泄露和数据滥用事件频发的今天，用户对个人隐私和数据安全的需求日益迫切。企业通过实施严格的安全措施和遵循国际安全标准，能够有效保护用户的敏感信息，避免数据泄露的风险。这种对用户权益的高度尊重和保护，无疑会显著提升客户的信任度，进而转化为更高的客户满意度和忠诚度。这种信任资本，是企业长期发展不可或缺的宝贵财富。

另一方面，物联网安全也为企业拓展市场、吸引合作伙伴提供了有力支持。在高度竞争的商业环境中，企业的安全实力往往成为其吸引合作伙伴的重要因素之一。通过展示高标准的安全措施和合规管理，企业能够向潜在合作伙伴证明其技术实力和行业责任感，从而赢得更多的合作机会和市场份额。这种基于安全优势的合作共赢模式，不仅有助于推动物联网技术的快速发展和广泛应用，还能够为企业带来更加稳定和可持续的增长动力。

二、物联网的安全挑战

（一）设备多样性

物联网设备种类繁多，功能各异，从简单的传感器到复杂的工业设备，涉及智能家居、智慧城市、工业控制、医疗健康等多个领域。设备多样性带来了以下安全挑战。

1. 硬件和软件差异

物联网设备的硬件和软件平台各不相同，不同的制造商使用不同的芯片、操作系统和通信协议。这种差异使得统一的安全措施难以实施。设备制造商通常在设计和生产过程中更注重功能和成本，而忽视了安全性。某些设备可能缺乏必要的硬件支持，无法运行复杂的安全算法和协议。

2. 标准和协议不一致

物联网设备通常使用多种通信标准和协议进行数据传输，如 Wi-Fi、蓝牙、Zigbee、LoRa、NB-IoT 等。这些协议在设计之初可能没有考虑安全因素，因而设备间的互操作性和安全性无法得到保证。缺乏统一的安全标准，使设备的安全性难以评估和保障。

3. 更新和维护困难

许多物联网设备部署在难以访问的位置，或者使用寿命较长，导致设备的更新和维护变得困难。一旦设备存在安全漏洞，及时更新补丁以修复漏洞可能面临挑战。某些设备甚至在设计时未考虑后续更新，使得漏洞长期存在，成为潜在的安全风险。

（二）数据隐私

物联网设备大量采集和处理用户数据，包括个人身份信息、位置信息、健康数据等。这些数据一旦泄露，将对用户隐私造成严重威胁。数据隐私面临以下挑战。

1. 数据收集和传输

物联网设备广泛收集用户的各种数据，这些数据在传输过程中可能被截获和篡改。未经加密的数据传输，容易被中间人攻击、窃听和篡改。确保数据传输的机密性和完整性，是保障数据隐私的关键。

2. 数据存储和处理

物联网设备收集的数据通常存储在本地或云端服务器上，数据的存储和处理过程中可能存在安全漏洞。未加密的数据存储，容易被黑客攻击和窃取。数据

处理过程中，如果未采取严格的访问控制和权限管理措施，数据的泄露风险将大大增加。

3. 用户数据保护

物联网设备涉及大量用户个人数据的处理和分析，如何在数据使用过程中保护用户隐私是一个重要挑战。用户数据在被分享和使用时，可能面临被滥用和二次泄露的风险。确保用户数据的匿名化处理和合理使用，是保护数据隐私的重要手段。

（三）网络复杂性

物联网设备通过各种网络连接形成一个复杂的网络环境，这种网络复杂性带来了以下安全挑战。

1. 网络拓扑复杂

物联网网络通常由大量设备组成，这些设备通过多种通信协议和网络拓扑连接在一起。复杂的网络拓扑增加了管理和监控的难度，使得安全漏洞难以被及时发现和修复。某些设备可能通过不安全的网络连接，成为网络攻击的突破口。

2. 网络攻击面广

由于物联网设备种类繁多、功能各异，其潜在的攻击面非常广泛。黑客可以通过网络入侵设备，窃取数据、控制设备或发起拒绝服务攻击（DDoS），影响整个网络的正常运行。物联网设备的安全防护措施如果不到位，容易成为网络攻击的目标。

3. 网络管理复杂

物联网网络的管理和维护非常复杂，尤其是在大规模部署和多租户环境中。设备的配置管理、固件更新、故障检测和修复等工作量巨大。如何高效管理物联网网络，确保网络的稳定性和安全性，是一个重要的挑战。

（四）攻击面扩大

物联网技术的广泛应用和设备的多样化，使物联网系统的攻击面大大扩大，增加了安全威胁的复杂性和严重性。

1. 攻击目标多样化

物联网设备的多样化和广泛应用使攻击目标多样化，黑客可以通过不同类型的设备和系统进行攻击，增加了攻击的难度和复杂性。

2. 攻击手段复杂化

随着物联网技术的发展，黑客的攻击手段也越来越复杂和多样化，增加了物联网系统的安全威胁。

3. 攻击规模扩大化

物联网系统的广泛应用和设备的大规模部署，使攻击的规模不断扩大，增加了攻击的影响范围和严重性。

（五）标准化和互操作性不足

物联网领域缺乏统一的安全标准和规范，不同设备和系统之间难以实现安全互联和互操作，增加了安全管理的复杂性和难度。

1. 安全标准缺乏

物联网领域的安全标准和规范尚未成熟和统一，不同设备和系统之间的安全标准和要求存在差异，增加了安全管理的复杂性和难度。

2. 互操作性不足

物联网设备和系统的互操作性不足，不同设备和系统之间的兼容性和协同工作存在问题，增加了安全管理的复杂性和难度。

（六）安全意识和管理挑战

物联网技术的快速发展和应用，带来了新的安全管理和意识挑战。如何提升安全意识和管理能力，是物联网安全的重要挑战之一。

1. 安全意识不足

物联网技术的快速发展和应用，带来了新的安全威胁和挑战。然而，许多

用户和企业对物联网安全的意识不足，忽视了物联网设备和系统的安全性。

2. 安全管理能力不足

物联网技术的快速发展和应用，带来了新的安全管理和技术挑战。许多企业和组织的安全管理能力不足，难以应对复杂的安全威胁和挑战。

第三节　物联网安全管理

一、设备管理

设备管理是物联网安全管理的基础，通过安全配置、固件更新和身份认证等措施，确保物联网设备的安全性。有效的设备管理能够防止设备被非法访问、篡改或破坏。

（一）安全配置

物联网设备在初次部署和使用过程中，需要进行安全配置，确保设备的安全性。安全配置包括密码设置、安全策略配置和安全功能启用等。

首先，物联网设备种类繁多，从智能家居到工业控制系统，无不依赖密码来守护其安全边界。然而，许多设备在出厂时，为了简化用户操作，会预设较为简单的默认密码。这种设计虽然便利了用户，却也为不法分子提供了可乘之机。因此，初次使用物联网设备时，立即更改默认密码，并遵循强密码原则进行设置，成为保障设备安全的第一步。强密码的组合方式多样，应包含大小写字母、数字以及特殊字符，且应定期更换，以降低被破解的风险。

其次，物联网设备往往处于复杂多变的使用环境中，需要面对来自内部和外部的各种安全威胁。因此，根据设备的具体使用场景和安全需求，配置恰当的安全策略显得尤为重要。例如，防火墙规则的设定，可以有效阻挡来自外部网络的恶意攻击；ACL 的配置，则能精确控制哪些用户或设备有权访问该物联网设备，防止未授权访问的发生。这些安全策略的配置，如同为物联网设备穿上了一层坚固的防护甲，大大提升了其抵御安全风险的能力。

最后，随着物联网技术的不断发展，许多物联网设备都配备了丰富的安全功能，如加密通信、入侵检测、防病毒软件等。这些功能在保障设备安全方面发挥着重要作用。加密通信可以确保设备间传输的数据不被窃取或篡改；入侵检测系统则能实时监控设备的运行状态，一旦发现异常行为便立即报警；防病毒软件则能有效抵御各种恶意软件的攻击。因此，在物联网设备的初次配置阶段，务必确保这些安全功能得到充分利用和有效运行。

（二）固件更新

物联网设备在使用过程中，需定期进行固件更新，修复已知的安全漏洞，提升设备的安全性。固件更新包括自动更新和手动更新两种方式。

自动更新机制的应用，极大地提高了固件更新的效率与及时性，确保设备能在第一时间获得最新的安全补丁，从而有效抵御新兴的安全威胁。这种机制依赖于设备内置的更新检查与下载功能，通过云端或本地服务器获取最新固件版本，并在用户无感知的情况下完成更新，极大地降低了人为疏忽导致的安全风险。

然而，并非所有物联网设备都支持自动更新。对于这部分设备，手动更新就显得尤为重要。用户需要定期访问设备制造商的官方网站或指定的更新渠道，检查并下载最新的固件版本，然后按照操作指南进行更新。这一过程虽然烦琐，却是保障设备安全性的必要手段。在手动更新过程中，用户应确保下载的固件版本来源可靠，避免因下载到恶意软件而导致设备被攻击。

此外，固件更新后的验证环节同样不容忽视。验证过程旨在确认更新操作是否成功完成，以及更新后的设备是否正常运行。这包括检查固件版本是否已更新至最新版本、设备功能是否完好、是否存在新的安全漏洞等。通过这一环节，可以及时发现并纠正更新过程中可能出现的问题，确保设备在更新后的安全性与稳定性。

（三）身份认证

物联网设备在接入网络时，需进行身份认证，确保只有经过授权的设备能够接入网络，防止非法设备接入。

首先，设备注册作为物联网安全的第一道防线，其严谨性不容忽视。当设备在网络世界初次亮相时，必须要进行注册。这包括了对设备唯一标识的严格审查与记录，以及对其认证信息的妥善保管。值得注意的是，这里的认证信息不仅仅是设备的简单身份信息，还包括其权限范围、安全等级等关键数据。同时，密钥的分发也是注册过程中的重要一环，它为设备与网络之间搭建了一座加密的桥梁，确保了后续数据传输的私密性。

其次，认证协议的选择与应用，是物联网安全管理的技术支撑。TLS、IPSec等协议凭借其强大的加密能力和安全性，成为物联网设备接入网络时的首选。这些协议通过一系列复杂的加密和解密过程，确保了设备在接入网络过程中的数据传输不被窃听或篡改。同时，它们还提供了身份验证的功能，使网络能够确认接入设备的真实身份，从而有效防止了非法设备的入侵。

然而，仅仅依靠设备注册和认证协议还不足以构建一个坚不可摧的物联网安全体系。因此，认证管理的重要性便凸显出来。这一环节要求管理人员对设备的认证信息进行持续的监控和更新，以确保其准确性和有效性。这包括了对认证信息的定期审查、对异常行为的及时发现和处理，以及对认证信息的及时更新等。通过这些措施，可以有效防止认证信息被盗用或篡改，进一步巩固物联网系统的安全防线。

（四）物理安全

物理安全措施确保物联网设备本身不被物理破坏或篡改。物理安全包括防篡改设计、防拆卸保护和物理访问控制等。

首先，防篡改设计不仅仅是简单的技术应用，更是一种从产品设计之初就融入的安全理念。这意味着在设计阶段，就需要考虑到设备可能面临的各种物理攻击场景，从而采用相应的防篡改技术。例如，除了使用防拆卸螺丝和封装胶等物理手段，还可以考虑在设备内部嵌入传感器，实时监测设备的物理状态变化，一旦发现异常立即上报。此外，设备的硬件设计也应尽可能减少可维修性和可升级性，以降低被恶意改造的风险。

其次，防拆卸保护机制是防篡改设计的延伸和补充。它要求设备在遭受非法拆卸时，能够迅速、准确地做出反应。这通常包括两种策略：一是触发警报，通过声音、光信号或远程通信等方式向管理员发出警告；二是启动自毁机制，如删除关键数据、禁用核心功能等，以防止敏感信息泄露或被恶意利用。需要注意的是，自毁机制应当谨慎使用，避免在误报或误操作的情况下造成不必要的损失。

最后，物理访问控制是确保物联网设备安全运行的又一重要环节。它要求建立严格的访问管理制度，对设备的物理位置、访问时间、访问人员等进行全面记录和监控。这不仅可以防止未经授权的人员接触和操作设备，还可以为后续的安全审计和故障排查提供有力支持。在实施物理访问控制时，可以采用门禁系统、视频监控、人员身份验证等多种技术手段，形成多层次的防护网。

二、网络管理

网络管理是物联网安全管理的重要环节，通过网络隔离、流量监控和访问控制等措施，确保物联网网络的安全性。

（一）网络隔离

网络隔离是物联网安全防御的第一道坚实屏障。不同于传统网络架构，物联网环境中设备类型繁多、安全标准不一，使网络隔离显得尤为重要。通过物理隔离、虚拟局域网（VLAN）划分、安全域划分等手段，有效隔离不同功能、不同安全级别的设备和网络，可以遏制安全威胁在网络内的横向蔓延。例如，在智能家居系统中，将控制家电的智能设备与管理家庭安防的摄像头网络隔离，即便家电网络遭受攻击，也能最大限度地保护家庭隐私不被泄露。

（二）流量监控

物联网网络中的流量监控是实时洞察网络状态、快速响应安全事件的关键。借助深度包检测（DPI）、网络行为分析（NBA）等高级技术，可以对网络流量进行精细化的监控与分析。这不仅能帮助识别并阻止恶意流量，如 DDoS 攻击、数据泄露等，还能通过流量模式的学习，提前预警潜在的安全风险。此外，流量监控还能为网络优化提供数据支持，确保物联网服务的顺畅运行。

（三）访问控制

访问控制是物联网安全管理的核心机制之一，它直接关系到谁可以访问哪些资源。RBAC、ABAC 等先进策略，为物联网设备和用户提供了灵活且安全的访问权限管理方案。通过严格的身份认证和权限分配，确保只有经过授权的设备和用户才能访问和操作物联网资源。这不仅有效防止了未授权访问，还降低了内部威胁的风险。

（四）网络安全防护

网络安全防护措施是物联网安全的最后一道防线。加密通信是保障数据传输安全的重要手段，通过使用 SSL / TLS 等加密协议，可以确保物联网设备间传输的数据不被窃取或篡改。同时，入侵检测和防御系统（IDS/IPS）能够实时监控网络中的异常行为，一旦发现可疑活动便立即采取相应措施进行阻断或报警。这些安全防护措施共同构建了一个强大的物联网安全防御体系。

（五）安全监控与审计

安全监控与审计是物联网网络管理不可或缺的一部分。通过部署安全监控工具，可以实时监控物联网网络的安全状态，及时发现并处理安全事件。同时，定期的安全审计则是对网络安全性的全面检查和评估，旨在发现潜在的安全隐患和漏洞，并提出改进措施。安全监控与审计的结合使用，不仅提高了物联网网络的安全性和可靠性，还确保了网络运行的合规性。

三、数据管理

数据管理是物联网安全管理的核心，通过采取数据加密、隐私保护和数据完整性等措施，确保物联网数据的安全性和隐私性。

（一）数据加密

在物联网的广阔生态中，数据流动频繁且路径复杂，从传感器到云端，再到最终用户，每一个环节都可能成为数据泄露的风险点。因此，采用先进的加密技术，如对称加密、非对称加密以及量子加密等，对敏感数据进行多层次加密，是确保数据在传输和存储过程中免受恶意攻击的关键。此外，还需考虑加密算法的灵活性与适应性，以便在物联网设备资源受限的情况下，仍能有效保护数据安全。

（二）隐私保护

隐私保护是物联网时代用户最为关切的问题之一。随着物联网设备的普及，用户的生活轨迹、消费习惯等敏感信息被大量收集。因此，在物联网系统中实施严格的隐私保护措施至关重要。这包括但不限于数据加密、匿名化处理、访问控制等手段，以确保用户数据在收集、处理、分析的过程中不被非法获取和利用。同时，建立透明的数据使用政策，明确告知用户数据的收集范围、使用目的及保护措施，也是增强用户信任、保障隐私权益的重要途径。

（三）数据完整性

数据完整性是物联网系统稳定运行和数据价值得以体现的基础。在物联网环境中，数据可能因网络延迟、设备故障或恶意攻击等而受损或篡改。为此，需采取一系列措施来保障数据的完整性和不可篡改性。例如，通过数字签名、哈希校验等技术手段，对传输和存储的数据进行验证，确保数据的真实性和完整性。此外，建立数据异常检测机制，及时发现并处理数据篡改行为，也是维护数据完整性的重要手段。

（四）数据备份与恢复

面对物联网系统中可能发生的各种故障和灾难，数据备份与恢复机制是实现业务连续性和数据可用性的重要保障。通过定期备份物联网数据至安全可靠的存储介质，并在需要时快速恢复数据，可以有效减少因数据丢失或损坏而带来的损失。同时，还需制订详细的灾难恢复计划，明确在不同灾难场景下的数据恢复流程和责任分工，以确保在紧急情况下能够迅速响应、有效应对。

（五）数据访问控制

数据访问控制是物联网安全管理的关键环节之一。通过严格的访问控制策略，可以确保只有经过授权的用户和设备才能访问和操作物联网数据，从而有效防止未经授权的访问和数据泄露。在实施数据访问控制时，需根据数据的敏感程度和业务需求，设制不同级别的访问权限，并对用户身份进行严格的认证和鉴权。此外，还需建立访问审计机制，记录并监控用户对数据的访问行为，以便在发生安全事件时进行追溯和调查。

第七章

大数据与网络安全

第一节 大数据安全概述

一、大数据的基本认知

（一）大数据的定义与特征

大数据（Big Data）是指无法通过传统的数据处理应用程序处理的数据集。大数据通常具有五大特征，即体量大、类型多、速度快、价值高和真实性（5V特征）。

第一，体量大（Volume）。当谈及大数据的“体量大”时，不得不感叹于数据量的爆炸性增长。以PB（拍字节）甚至EB（艾字节）为单位的数据规模，让传统的数据处理方式望尘莫及。社交媒体平台上的每一次点赞、评论、分享，电商平台上的每一笔交易记录，都是这片数据海洋中的一滴水。这些数据汇聚成流，形成了庞大的数据集，提供了丰富的信息源。然而，体量巨大也带来了挑战，如何有效地存储、管理和分析这些数据，成为大数据领域的重要课题。

第二，类型多（Variety）。大数据的类型多样，涵盖了结构化数据、半结构化数据和非结构化数据等多种形态。结构化数据如数据库记录，遵循着严格的格式和规范；半结构化数据如日志文件，虽然有一定的组织结构但较为灵活；非结

构化数据则如音视频内容、社交媒体帖子等，形式更加多样且难以用传统的数据库系统直接处理。这种数据的多样性，使大数据的分析和处理变得更加复杂。然而，正是这种多样性，提供了更加全面、立体的视角去观察和理解世界。

第三，速度快（Velocity）。大数据的产生和处理速度之快，令人咋舌。金融交易数据、传感器数据等，都需要在极短的时间内得到处理和分析，以便做出快速反应。这种对速度的追求，使大数据技术必须具备高度的实时性和近实时性。实时数据处理技术如流处理、内存计算等应运而生，为大数据的实时分析提供了有力支持。在这个瞬息万变的时代里，速度成为决定胜负的关键因素之一。

第四，价值高（Value）。大数据之所以备受瞩目，很大程度上是因为其蕴含的巨大价值。通过数据分析和挖掘技术，可以从海量的数据中提取出有用的信息和知识，为企业的决策和业务优化提供有力支持。例如，通过分析用户行为数据，企业可以了解用户的需求和偏好，从而优化产品和服务；通过分析市场趋势数据，企业可以把握市场动向和竞争态势，制定更加精准的市场策略。大数据的价值不仅在于其数量之大，更在于其能够揭示隐藏在数据背后的规律和趋势。

第五，真实性（Veracity）。在大数据的世界里，真实性是不可或缺的。只有确保了数据的真实性和可信度，才能放心地基于这些数据进行决策和行动。然而，由于数据来源的广泛性和复杂性，大数据的真实性也面临着诸多挑战。为了确保数据的真实性和可信度，需要采取一系列措施来加强数据质量管理。例如，对数据源进行严格的筛选和验证；采用数据加密和隐私保护技术来保护用户的隐私安全；建立数据质量监控体系来及时发现和纠正数据错误等。这些措施的实施将有助于提升大数据的真实性和可信度，为科学决策提供更加可靠的依据。

（二）大数据的来源

大数据的来源广泛，涵盖互联网、物联网、社交媒体、电子商务、传感器网络、医疗健康、金融服务、公共安全等多个领域。

1. 互联网

互联网作为大数据的摇篮，其数据来源之丰富、规模之庞大，是其他任何领域都难以比拟的。网页、搜索引擎、社交媒体、电子邮件等，共同构成了互联网大数据的庞大体系。以谷歌为例，作为全球最大的搜索引擎之一，它每天处理的搜索请求数以亿计，这些搜索请求背后隐藏着用户的兴趣偏好、需求变化等宝贵信息。

2. 物联网

随着物联网技术的快速发展，越来越多的设备被连接到互联网中，形成了一个庞大的传感器网络。这些设备在智能家居、智能城市、工业自动化、医疗健康等领域发挥着重要作用，同时也产生了海量的传感器数据。智能电表能够实时监测家庭用电情况，为能源管理提供数据支持；智能家居设备如智能门锁、智能空调等，通过收集用户的使用习惯，能够为用户提供更加个性化的服务；工业传感器则能够实时监测生产线的运行状态，提高生产效率和产品质量。这些数据不仅有助于提升用户体验和服务质量，还为数据分析和预测提供了丰富的素材。

3. 社交媒体

社交媒体平台如 Facebook、Twitter、Instagram 等，已经成为人们日常生活中不可或缺的一部分。每天，数以亿计的用户在这些平台上分享自己的生活点滴、表达观点看法、参与话题讨论。这些用户生成的内容不仅丰富了社交媒体的内容生态，也为大数据分析提供了宝贵的素材。通过分析用户的文本、图像、视频等内容，可以深入了解用户的兴趣偏好、情感态度以及社交关系等信息。这些信息对于品牌营销、舆情监测等具有重要意义。

4. 电子商务

电子商务平台如 Amazon、Alibaba 等，通过收集用户的交易数据、行为数据和商品评价数据等信息，构建了一个庞大的数据仓库。这些数据不仅能够帮助电商平台了解用户的消费习惯和购买意向，还能够为商品推荐、库存管理、价格优化等方面提供有力支持。同时，通过分析用户的评价信息，电商平台还能够及时发现商品存在的问题和改进的方向，从而提升商品质量和服务水平。

5. 医疗健康

在医疗健康领域，大数据同样发挥着重要作用。电子病历系统、医学影像存储系统、基因测序数据等是医疗健康大数据的重要组成部分。这些数据不仅有

助于医生更加准确地诊断病情和制定治疗方案，还能够为医学研究提供宝贵的数据支持。例如，通过对大量患者的电子病历进行分析，可以发现疾病的发病规律和影响因素；通过对医学影像数据进行深度挖掘，可以辅助医生进行更加精准的诊断和治疗。此外，基因测序数据的积累也为精准医疗的发展提供了可能。

6. 金融服务

金融服务领域也是大数据应用的重要领域之一。交易记录、市场数据、客户数据等是金融大数据的重要组成部分。这些数据不仅有助于金融机构了解客户的信用状况和风险承受能力，还能够为风险评估、信贷审批、投资决策等方面提供有力支持。同时，通过对市场数据的实时分析，金融机构还能够及时把握市场动态和趋势变化，为投资策略的调整和优化提供有力支持。

7. 公共安全

在公共安全领域，大数据同样发挥着重要作用。城市监控系统、犯罪数据库、人口统计数据等是公共安全大数据的重要组成部分。这些数据不仅有助于公安机关及时发现和打击犯罪行为维护社会稳定和安全；还能够为城市交通管理、环境监测等方面提供有力支持。例如通过对城市监控视频进行分析可以及时发现异常情况并采取应对措施；通过对人口统计数据进行分析可以了解人口分布和流动情况为城市规划和管理提供有力支持。

二、大数据的架构

大数据架构是指用于存储、处理和分析大数据的系统和平台的结构。大数据架构通常包括数据采集层、数据存储层、数据处理层和数据分析层等多个层次。

（一）数据采集层

数据采集层负责从各种数据源中采集数据，进行数据的预处理和传输。数据采集层通常包括数据采集工具、数据预处理工具和数据传输工具等。

①数据采集工具：用于从各种数据源中采集数据，包括网络爬虫、传感器、

日志采集工具等。例如，网络爬虫可以从网页中抓取数据，传感器可以实时采集环境数据，日志采集工具可以收集系统日志。

②数据预处理工具：用于对采集的数据进行预处理，包括数据清洗、数据转换、数据过滤等。例如，数据清洗工具可以去除重复和错误的数据，数据转换工具可以将数据转换为统一格式，数据过滤工具可以筛选出有用的数据。

③数据传输工具：用于将采集的数据传输到数据存储层，包括消息队列、数据总线、传输协议等。例如，消息队列可以实现数据的异步传输，数据总线可以实现数据的高效传输，传输协议可以确保数据传输的安全性和可靠性。

（二）数据存储层

数据存储层负责对大数据进行存储和管理，支持大规模数据的存储和快速访问。数据存储层通常包括分布式文件系统、NoSQL 数据库、数据仓库等。

①分布式文件系统：如 HDFS（Hadoop Distributed File System），用于存储大规模的非结构化数据和半结构化数据。例如，HDFS 可以存储大规模的文本文件、图像文件、视频文件等。

② NoSQL 数据库：如 HBase、Cassandra、MongoDB 等，用于存储和管理大规模的结构化数据和半结构化数据。例如，HBase 可以存储大规模的表格数据，Cassandra 可以存储大规模的键值对数据，MongoDB 可以存储大规模的文档数据。

③数据仓库：如 Amazon Redshift、Google BigQuery 等，用于存储和管理大规模的结构化数据，支持复杂的查询和分析。例如，数据仓库可以存储大规模的企业数据，支持数据的查询、分析和报表生成。

（三）数据处理层

数据处理层负责对大数据进行处理和分析，支持大规模数据的批处理和实时处理。数据处理层通常包括批处理框架、实时处理框架和流处理框架等。

①批处理框架：如 Apache Hadoop、Apache Spark 等，用于对大规模数据进行批量处理和分析，支持复杂的计算和数据挖掘。例如，Hadoop 可以通过

MapReduce 模型实现大规模数据的批量处理，Spark 可以通过内存计算实现数据的快速处理。

②实时处理框架：如 Apache Storm、Apache Flink 等，用于对大规模数据进行实时处理和分析，支持低延迟的数据处理和事件响应。例如，Storm 可以实现实时数据流的处理和分析，Flink 可以实现复杂事件处理和实时数据分析。

③流处理框架：如 Apache Kafka、Apache Pulsar 等，用于对大规模数据流进行处理和分析，支持高吞吐量的数据流处理。例如，Kafka 可以实现高吞吐量的数据流传输和处理，Pulsar 可以实现多租户的数据流处理和分析。

（四）数据分析层

数据分析层负责对大数据进行分析和挖掘，支持数据的可视化和智能化应用。数据分析层通常包括数据分析工具、数据挖掘工具和数据可视化工具等。

①数据分析工具：如 Apache Hive、Apache Pig 等，用于对大规模数据进行分析和查询，支持复杂的数据分析和处理。例如，Hive 可以通过 SQL 查询语言实现对大规模数据的分析和查询，Pig 可以通过数据流语言实现数据的复杂处理。

②数据挖掘工具：如 Apache Mahout、WEKA 等，用于对大规模数据进行挖掘和建模，支持机器学习和数据挖掘算法的应用。例如，Mahout 可以实现大规模数据的协同过滤、聚类和分类，WEKA 可以实现各种数据挖掘算法的应用和评估。

③数据可视化工具：如 Tableau、Power BI 等，用于对大规模数据进行可视化和展示，支持数据的图形化展示和交互式分析。例如，Tableau 可以通过丰富的图表类型实现数据的可视化展示，Power BI 可以通过交互式报表实现数据的动态分析。

三、大数据的技术

大数据关键技术涵盖数据存储、处理、应用等多个方面，根据大数据的处理过程，可将其分为大数据采集、大数据预处理、大数据存储与管理、大数据分析与挖掘等环节。

（一）大数据采集

大数据采集是大数据生命周期的第一个环节，它通过 RFID 射频数据、传感器数据、社交网络数据、移动互联网数据等方式获得各种类型的结构化、半结构化及非结构化的海量数据。由于可能有成千上万的用户同时进行并发访问和操作，所以，必须采用专门针对大数据的采集方法，主要有三种方法：一是数据库采集，一些企业会使用传统的关系型数据库 MySQL 和 Oracle 等来存储数据，使用比较多的工具有 Sqoop 和结构化数据库间的 ETL（数据仓库技术），当然当前开源的 Kettle 和 Talend 也集成了大数据的集成内容，可以实现和 HDFS（分布式文件系统），HBase（开源数据库）和主流 NoSQL（非关系型数据库）数据库之间的数据同步和集成；二是网络数据采集，网络数据采集主要是采用网络爬虫或网站公开 API（应用程序接口）等方式，从网站上获取数据信息，可将网络上非结构化数据、半结构化数据从网页中提取出来，并以结构化的方式将其存储为统一的本地数据文件；三是文件采集，对于文件的采集，通常使用 Flume（日志收集系统）进行实时的文件采集和处理，虽然 ELK [Elasticsearch（日志存储搜索）、Logstash（日志收集）、Kibana（展示查询）三者的组合] 只是处理日志，但是也有基于模板配置的完整增量来实时进行文件采集。如果仅仅是做日志的采集和分析，用 ELK 解决方案就足够了。

（二）大数据预处理

数据的世界是庞大而复杂的，并且存在残缺的、虚假的和过时的数据。想要获得高质量的分析挖掘结果，就必须在数据准备阶段提高数据的质量。大数据预处理可以对采集到的原始数据进行清洗、填补、平滑、合并、规格化以及检查一致性等，将那些杂乱无章的数据转化为相对单一且便于处理的构型，为后期的数据分析奠定基础。大数据预处理主要包括数据清理、数据集成、数据转换、数据归约四大部分。

1. 数据清理

数据清理主要包含遗漏值处理（缺少感兴趣的属性）、噪声数据处理（数据

中存在着错误或偏离期望值的数据）和不一致数据处理。

2. 数据集成

数据集成是指将多个数据源中的数据合并存放到一个数据存储库中。在这一过程中需着重要解决三个问题：模式匹配、数据冗余、数据值冲突检测与处理。

3. 数据转换

数据转换是指处理抽取上来的数据中存在的不一致的过程。数据转换一般包括两类：一是数据名称及格式的统一，即数据粒度转换、商务规则计算以及统一的命名、数据格式、计量单位等；二是数据仓库中存在源数据库中可能不存在的数据，因此需要进行字段的组合、分割或计算。数据转换实际上还包含了数据清洗的工作，需要根据业务规则对异常数据进行清洗，保证后续分析结果的准确性。

4. 数据归约

数据归约是指在尽可能保持数据原貌的前提下，最大限度地精简数据量。主要包括数据方聚集、维归约、数据压缩、数值归约和概念分层等。数据归约技术可以用数据集的归约表示，使数据集变小，但同时仍然近于保持原数据的完整性。也就是说，在归约后的数据集上进行挖掘，依然能够得到与使用原数据集几乎相同的分析结果。

（三）大数据存储与管理

大数据存储与管理要用存储器把采集到的数据存储起来，建立相应的数据库，以便管理和调用。大数据存储技术路线最典型的有三种：

1. MPP（大规模并行处理）架构的新型数据库集群

MPP 架构的新型数据库集群，重点面向行业大数据，采用 Shared Nothing（无共享）架构，通过列存储、粗粒度索引等多项大数据处理技术，再结合 MPP 架构高效的分布式计算模式，完成对分析类应用的支撑，其运行环境多为低成本的 PC Server（服务器），具有高性能和高扩展性的特点，在企业分析类应用领域获得了极其广泛的应用。这类 MPP 产品可以有效支撑 PB 级别的结构化数据分析，这是传统数据库技术无法胜任的。

2. 基于 Hadoop（分布式系统基础架构）的技术扩展和封装

基于 Hadoop 的技术扩展和封装，其围绕 Hadoop 衍生出了相关的大数据技术，以应对传统关系型数据库较难处理的数据和场景。例如，针对非结构化数据的存储和计算等，可充分利用 Hadoop 开源的优势，伴随相关技术的进步，其应用场景也将逐步扩大，目前最为典型的应用场景就是通过扩展和封装 Ha-doop 来实现对互联网大数据存储、分析的支撑。

3. 大数据一体机

这是一种专为大数据的分析处理而设计的软、硬件结合的产品，由一组集成的服务器、存储设备、操作系统、数据库管理系统以及为数据查询、处理、分析而预先安装及优化的软件组成，高性能大数据一体机具有良好的稳定性和纵向扩展性。

（四）大数据分析与挖掘

大数据分析与挖掘的主要目的是把隐藏在一大批看来杂乱无章的数据中的信息集中起来，进行萃取、提炼，以找出潜在有用的信息和所研究对象的内在规律的过程。主要分为可视化分析、数据挖掘算法、预测性分析、语义引擎以及数据质量管理五大方面。

1. 可视化分析

可视化分析主要是借助图形化手段，清晰有效地传达与沟通信息。可视化分析主要应用于海量数据关联分析，由于所涉及的信息比较分散、数据结构有可能不统一，借助功能强大的可视化数据分析平台，可辅助人工操作将数据进行关联分析，并做出完整的分析图表，使之简单明了、清晰直观，更易于被人们接受。

2. 数据挖掘算法

数据挖掘算法是根据数据创建数据挖掘模型的一组试探法和计算。为了创建该模型，算法将首先分析用户提供的数据，针对特定类型的模式和趋势进行查找，并使用分析结果定义用于创建挖掘模型的最佳参数，将这些参数应用于整个数据集，以便提取可行模式和详细统计信息。

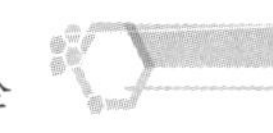

3. 预测性分析

预测性分析结合了多种高级分析功能，包括特别统计分析、预测建模、数据挖掘、文本分析、实体分析、优化、实时评分、机器学习等，从而对未来或其他不确定的事件进行预测。

从纷繁的数据中挖掘出其特点，可以了解目前状况以及确定下一步的行动方案，从依靠猜测进行决策转变为依靠预测进行决策。它可帮助分析用户的结构化和非结构化数据中的趋势、模式和关系，运用这些指标来洞察预测将来事件，并采取相应的措施。

4. 语义引擎

语义引擎是把已有的数据加上语义，可以把它想象成在现有结构化或者非结构化的数据库上的一个语义叠加层。它是语义技术最直接的应用，可以将人们从烦琐的搜索条目中解放出来，更快、更准确、更全面地获得所需信息，提高用户的互联网体验。

5. 数据质量管理

数据质量管理是指对数据在计划、获取、存储、共享、维护、应用、消亡生命周期的每个阶段里可能出现的各类数据质量问题，进行识别、度量、监控、预警等，并通过改善和提高组织的管理水平使数据质量进一步提高。

第二节　大数据的优势与挑战

一、大数据的安全优势

（一）数据可视化与分析

大数据技术通过数据可视化和分析工具，提供直观的数据展示和深度的数据分析，帮助企业和组织及时发现和应对安全威胁。

数据可视化技术极大地提升了安全团队对复杂数据环境的理解力。它不仅仅是将枯燥的数字转换为色彩斑斓的图表，更是通过动态交互、多维展示等手段，让数据“说话”，更加直观地揭示安全隐患。具体而言，数据可视化工具能够根据不同的安全需求，定制化的展现数据。比如，在监控网络流量时，通过实时更新的热力图，安全人员可以一目了然地看到哪些 IP 地址或端口正经历着异常高的访问量，从而迅速定位潜在的 DDoS 攻击或恶意扫描行为。而在分析用户行为模式时，利用时间序列图或散点图，可以清晰地展示出用户登录频率、操作习惯等的变化，为识别异常登录和内部威胁提供有力支持。

如果说数据可视化是安全态势的直观反映，那么数据分析则是挖掘安全价值、预测未来风险的深度探索。大数据分析工具凭借其强大的处理能力和算法模型，能够从海量数据中抽丝剥茧，发现那些仅凭直觉难以察觉的安全威胁。在数据分析的实践中，机器学习和人工智能技术的融入，使数据分析更加智能化、自动化。通过训练模型，系统能够自动学习正常与异常行为的特征，进而对新的数据样本进行准确分类。例如，在入侵检测系统中，大数据分析可以识别出那些看似正常实则具有异常特征的流量模式，如利用加密通道传输恶意软件的行为。此外，通过对历史安全事件的深入剖析，大数据分析还能揭示出攻击者的行为规律和趋势，为企业制定针对性的防御策略提供科学依据。

（二）实时监控与响应

大数据技术通过实时监控和响应机制，提升企业和组织的安全防护能力，确保安全事件能够得到及时发现和处理。

首先，大数据的实时监控能力为安全防御筑起了一道坚实的防线。不同于传统的安全监测手段，大数据技术能够处理和分析海量的、多源的数据流，包括网络流量、系统日志、用户行为记录等。这种全面的数据覆盖，使得任何微小的异常都难以逃脱其敏锐的“眼睛”。以 IDS 和 IPS 为例，它们不仅能够实时监测网络活动，还能通过大数据分析技术，识别出复杂的、隐蔽的攻击模式。这种能力，让企业和组织在面对日益复杂多变的网络威胁时，更加从容不迫。

其次，大数据的实时响应机制，则进一步提升了安全事件处理的效率和效果。在安全事件发生时，时间就是生命。传统的安全事件处理流程往往耗时较长，且容易因为人为因素产生误差。而大数据技术通过自动化、智能化的处理手段，能够在极短的时间内对安全事件进行准确判断，并启动相应的应急响应流程。SIEM 系统就是这一机制的典型代表。它不仅能够自动化地收集、分析和处理安全事件信息，还能根据预设的规则和策略，生成相应的警报和应急响应方案。这种快速、准确的响应机制，有效减少了安全事件带来的损失和影响。

（三）安全自动化与智能化

大数据技术通过安全自动化和智能化工具，提升企业和组织的安全管理效率，减少人工操作的错误和风险。

安全自动化的引入，标志着安全管理从传统的“事后响应”模式向“主动预防”与“实时监控”的转型。自动化工具不仅极大地减轻了安全团队的工作负担，更重要的是，它们能够在第一时间发现并应对潜在的安全威胁。例如，自动化补丁管理系统通过定期扫描系统漏洞并自动部署相应的安全补丁，有效防止了黑客利用已知漏洞进行攻击。这一过程的即时性与自动化，大大减少了系统暴露在风险中的时间窗口，提升了整体安全水平。更进一步，自动化日志分析工具的应用，则实现了对海量日志数据的实时、精准分析。这些分析工具能够自动过滤、分类并关联日志信息，快速识别出异常行为或潜在的安全事件。这种能力不仅提升了安全事件响应的速度，还使安全团队能够更加深入地理解攻击者的行为模式，为后续的防护工作提供有力支持。

安全智能化则是大数据技术应用的又一高峰。通过融合人工智能与机器学习技术，安全智能化工具能够实现对安全威胁的自动检测与响应。这种能力不仅体现在对已知威胁的精准识别上，更在于对未知威胁的预测与防范。机器学习算法通过对大量历史数据的训练与学习，能够识别出异常行为模式与潜在的攻击趋势，为安全团队提供预警信息。此外，人工智能系统还能够根据安全态势的实时变化，自动生成并调整安全策略与防护措施。这种自适应、智能化的防护机制，使安全防护体系能够始终保持对最新威胁的有效应对。同时，它也为安全团队提供了更加灵活、高效的决策支持，使安全管理更加科学、精细。

（四）大规模数据整合与共享

大数据技术支持大规模数据的整合与共享，提升企业和组织的协同防护能力，增强整体的安全防护效果。

数据整合不仅仅是将不同来源的数据简单汇集，更是通过复杂的算法和模型，实现数据的深度融合与关联分析。比如，在网络环境中，大数据技术能够实时捕捉并分析网络流量数据中的异常模式，结合系统日志中的错误报告和用户行为数据中的异常登录尝试，构建起一张多维度、全方位的安全监测网络。这种整合不仅提升了安全监测的灵敏度，还大大增强了安全分析的深度，使潜在的安全威胁无所遁形。

数据共享是大数据技术在安全领域另一大亮点。传统的安全信息共享往往受限于数据格式、传输速度及隐私保护等因素，难以达到高效、智能的共享水平。而大数据技术通过标准化数据接口、加密传输协议以及智能分析平台，实现了安全威胁情报的快速、安全共享。不同企业和组织可以根据自身需求，灵活接入共享平台，获取实时更新的安全威胁情报和最佳实践。这种智能化的数据共享机制，不仅缩短了安全响应时间，还促进了安全技术的交流与进步，提升了全球范围内的安全防护水平。

（五）合规性与审计能力

大数据技术提升了企业和组织的合规性和审计能力，确保遵循相关法律法规和行业标准，保护数据的机密性、完整性和可用性。

大数据技术以其强大的数据处理和分析能力，为企业和组织构建了一道坚实的合规性防线。首先，数据加密技术的应用，是大数据安全优势的重要体现。传统的数据加密方法往往局限于小规模数据集，而大数据技术通过优化算法和并行处理技术，使大规模数据集的加密和解密过程变得高效且安全。这种能力不仅确保了数据的机密性，还大大降低了数据泄露的风险。同时，随着量子计算等新

兴技术的兴起，大数据技术也在不断探索和实践量子安全加密技术，以应对未来可能的安全威胁。其次，访问控制技术的智能化升级，进一步提升了大数据环境下的合规性。大数据技术通过机器学习、人工智能等先进技术，实现了对访问行为的智能识别和动态授权。这种智能化的访问控制机制，能够根据用户的身份、行为模式以及数据敏感性等因素，自动调整访问权限，确保数据的合法访问和使用。此外，大数据技术还能够对访问日志进行实时分析和监控，及时发现并阻止潜在的违规访问行为。

大数据技术的引入，不仅提高了企业和组织的数据处理能力，还极大地增强了其审计能力。全面的数据审计，是确保数据处理和存储合规性、透明度的关键。在大数据技术的支持下，日志审计工具的功能得到了极大的扩展和增强。传统的日志审计工具往往只能处理少量的日志数据，且分析效率低下。而大数据技术通过分布式存储和并行处理等技术手段，实现了对海量日志数据的快速收集、存储和分析。这使企业和组织能够实时掌握数据的访问和使用情况，及时发现并处理潜在的安全风险。此外，大数据技术还推动了数据可视化在审计领域的应用。大数据技术可以将复杂的审计数据转化为直观、易懂的图表和报告，使审计人员能够更加便捷地理解和分析审计结果。这种可视化的审计方式，不仅提高了审计效率，还增强了审计结果的准确性和可信度。

二、大数据的安全挑战

随着大数据技术的广泛应用和快速发展，数据的生成、存储、处理和分析能力得到了极大提升，推动了各行各业的数字化转型。然而，大数据的复杂性和规模也带来了前所未有的安全挑战。

（一）数据隐私保护

1. 数据匿名化的挑战

数据匿名化是保护个人隐私的重要技术手段，通过去除或隐藏个人身份信息，使数据在使用和分析过程中无法直接识别个人身份。然而，数据匿名化存在多个技术和实践上的挑战。

①重新识别风险：尽管数据经过匿名化处理，但攻击者可能通过数据聚合和关联分析重新识别出个体身份。攻击者可以利用公开数据集和部分已知信息进行交叉验证，从而推测出匿名数据中的个人信息。这种重新识别技术使单纯的匿名化不足以保护隐私。

②匿名化处理不当：匿名化技术的有效性依赖于处理方法的科学性和合理性。不当的匿名化处理可能导致隐私信息的泄露。例如，简单的标识符移除和模糊处理可能不足以防止重新识别。需要采用更加复杂和严密的匿名化技术，如k- 匿名性、l- 多样性和 t- 闭合性等，以增强匿名化效果。

③平衡数据实用性与隐私保护：过度匿名化可能降低数据的实用性和分析价值，而不足的匿名化则可能无法有效保护隐私。如何在数据实用性和隐私保护之间找到平衡，是数据匿名化面临的重要挑战。需要在保护个人隐私的同时，确保数据对业务和研究的价值。

2. 数据最小化的实施难度

数据最小化原则强调在数据收集和处理过程中，仅收集和使用必要的最少量数据，以降低隐私风险。然而，数据最小化在实际操作中面临以下挑战。

①数据需求的多样性：企业和组织在业务运营和数据分析中，往往需要大量的详细数据。如何在满足业务需求的同时，严格遵循数据最小化原则，是一个复杂的问题。例如，营销部门可能需要参照详细的用户行为数据来制定精准的营销策略，而法律合规部门则要求数据最小化以保护用户隐私。

②数据处理的复杂性：数据最小化需要在数据处理流程中严格控制数据的收集、存储和使用范围。这要求数据处理系统具备高度的灵活性和精细化管理能力，确保数据最小化的有效实施。需要在数据处理的各个环节嵌入数据最小化原则，从数据采集到数据存储，再到数据分析和共享。

③隐私政策和技术手段的配合：数据最小化的实施需要强有力的隐私政策和技术手段的支持。企业需要制定详细的隐私政策，并通过技术手段确保政策的执行和监控，防止数据滥用和超范围使用。例如，使用数据访问控制和数据加密

技术，确保只有经过授权的用户才能访问和处理最小化后的数据。

3. 数据使用控制的复杂性

确保数据在使用过程中得到严格控制，防止数据被滥用和二次泄露，是数据隐私保护的重要内容。然而，数据使用控制面临以下挑战。

①复杂的权限管理：大数据系统中涉及大量的用户和角色，不同用户和角色对数据的访问权限不同。如何高效地管理和控制权限，确保数据使用的合法性和安全性，是一个复杂的管理问题。例如，在一个企业中，不同部门和职位的员工需要访问不同级别和类型的数据，如何设计和实施有效的权限管理策略是一个重要挑战。

②动态的数据访问需求：数据使用需求随业务变化而不断变化，传统的静态权限管理难以满足动态的业务需求。需要采用动态权限管理和实时监控技术，确保数据使用的灵活性和安全性。例如，在一个快速变化的市场环境中，企业需要根据业务需求的变化，动态调整数据访问权限，以适应新的业务需求。

③多方数据共享的隐私保护：在大数据环境中，数据共享和协作是常见需求。如何在多方数据共享过程中保护数据隐私，防止数据被滥用和泄露，是一个重要的技术和管理挑战。例如，在一个跨国企业中，不同国家和地区的分公司需要共享数据进行业务协作，但需要遵守不同的隐私保护法律法规，如何在全球范围内实现数据共享的隐私保护是一个复杂的问题。

（二）数据安全保护

1. 数据加密的实施和管理

数据加密是保护数据机密性的核心技术，通过对数据进行加密处理，防止数据在传输和存储过程中被截获和篡改。然而，数据加密的实施和管理面临以下挑战。

①加密算法的选择：加密算法的选择直接影响数据加密的安全性和性能。需要选择合适的加密算法，确保数据加密的强度和处理效率。例如，AES 是一种常用的对称加密算法，RSA 是一种常用的非对称加密算法，如何根据数据的特性和

应用场景选择合适的加密算法是一个重要问题。

②加密密钥的管理：加密密钥的安全管理是数据加密的关键。密钥的生成、分发、存储和销毁都需要严格的管理措施，防止密钥被盗用和篡改。密钥管理系统（KMS）可以提供密钥的安全管理和自动化操作，但其安全性和可靠性同样需要重视。例如，密钥管理系统需要支持多租户环境下的密钥隔离和访问控制，确保不同租户的密钥不会互相干扰和泄露。

③加密性能的优化：数据加密会带来额外的计算开销和性能开销。需要优化加密算法和加密流程，提升加密性能，减少对系统性能的影响。例如，采用并行加密和硬件加速技术，可以显著提升加密性能，降低对系统资源的消耗。

2. 访问控制的精细化管理

访问控制是数据安全保护的重要手段，通过控制用户和系统对数据的访问权限，确保数据的安全性和隐私性。然而，访问控制的精细化管理面临以下挑战。

①权限管理的复杂性：大数据系统中涉及大量的用户、角色和数据对象，不同用户和角色对数据的访问权限不同。需要采用精细化的权限管理策略，确保权限的准确分配和控制。例如，RBAC 和 ABAC 是两种常用的权限管理策略，需要根据业务需求和数据特性选择合适的策略。

②动态权限管理：数据访问需求随业务变化而不断变化，传统的静态权限管理难以满足动态的业务需求。需要采用动态权限管理技术，实时调整权限配置，确保权限管理的灵活性和安全性。例如，基于上下文的访问控制（CBAC）可以根据用户的上下文信息（如位置、时间、设备等）动态调整访问权限，满足动态的业务需求。

③访问控制策略的制定和实施：需要根据数据的敏感性和业务需求，制定详细的访问控制策略，确保数据的合法访问和使用。同时，还需要通过技术手段和管理措施，确保访问控制策略的有效实施和监控。例如，制定数据分类和分级策略，根据数据的重要性和敏感性设置不同的访问控制策略，确保高敏感数据的严格保护。

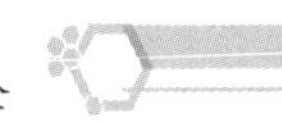

3. 数据备份与恢复的安全性

数据备份与恢复是确保数据在故障和灾难情况下及时恢复的重要措施。数据备份与恢复的安全性面临以下挑战。

①备份数据的安全性：备份数据同样需要进行加密处理，确保备份数据的机密性和完整性，防止备份数据被截获和篡改。例如，采用端到端加密技术，确保备份数据在传输和存储过程中的安全性。同时，备份数据的存储介质和备份系统也需要严格的安全管理，防止物理损坏和非法访问。

②备份策略的制定和实施：需要根据数据的重要性和业务需求，制定详细的备份策略，确保数据的定期备份和多地点备份，提升数据的可靠性和可用性。例如，采用差异备份和增量备份策略，减少备份数据的冗余，提升备份效率。备份策略需要考虑备份频率、备份窗口、备份介质等因素，确保备份数据的及时性和完整性。

③数据恢复的可靠性：需要定期进行数据恢复演练，确保在故障和灾难情况下能够迅速恢复数据，保障业务的连续性。数据恢复演练需要模拟真实的故障和灾难场景，验证备份数据的完整性和恢复流程的有效性。例如，制订详细的数据恢复计划，定期进行恢复演练，确保在突发事件发生时能够快速恢复业务，减少损失。

（三）数据共享与交换的安全性

1. 数据共享协议的制定与实施

数据共享协议是确保数据在不同系统和组织之间共享和交换的安全性和隐私性的关键。数据共享协议的制定与实施面临以下挑战。

①共享协议的复杂性：数据共享协议需要考虑不同系统和组织的需求和要求，确保数据共享的合法性和安全性。例如，在跨组织的数据共享中，不同组织可能具有不同的安全标准和法律法规，如何制定统一的共享协议，确保各方的合法权益和数据安全，是一个复杂的问题。

②协议的执行与监控：协议的执行与监控是确保数据共享安全的重要环节。

需要通过技术手段和管理措施，确保协议的执行和监控，防止数据共享过程中的违规和滥用行为。例如，采用区块链技术记录和验证数据共享的全过程，确保数据共享的透明性和可追溯性。

③跨组织的数据共享与合作：在跨组织的数据共享与合作中，不同组织的安全标准和要求可能存在差异。需要通过协议协调和标准化，确保跨组织的数据共享的安全性和合规性。例如，制定跨组织的数据共享标准和框架，确保数据共享的安全性和互操作性。

2. 数据交换过程中的安全保护

数据交换过程中的安全保护是确保数据在不同系统和组织之间传输的机密性和完整性的重要措施。数据交换过程中的安全保护面临以下挑战。

①数据传输的加密与认证：需要对数据传输过程进行加密处理，确保数据在传输过程中的机密性，防止数据被截获和篡改。例如，采用 SSL / TLS 协议加密数据传输，确保数据的机密性和完整性。同时，还需要对传输的数据进行认证处理，确保数据的完整性和真实性，防止数据被篡改和伪造。

②数据交换的安全监控：需要对数据交换过程进行安全监控，及时发现和响应数据传输过程中的安全威胁和异常情况。安全监控需要涵盖数据传输的全过程，确保数据交换的安全性和可靠性。例如，采用 IDS 和 IPS 监控数据传输过程，及时发现和阻止潜在的攻击行为。

③多方数据交换的协调与管理：在多方数据交换中，不同组织和系统的安全标准和要求可能存在差异。需要通过协议协调和标准化，确保多方数据交换的安全性和合规性。例如，制定多方数据交换的标准和协议，确保各方在数据交换中的合法权益和数据安全。

（四）大规模数据管理的安全性

1. 数据分类与分级的复杂性

对大规模数据进行分类与分级管理，明确数据的安全保护等级，制定相应的数据安全保护措施，是大规模数据管理的基础。然而，数据分类与分级面临以下挑战。

①数据类型的多样性：大数据系统中包含结构化数据、半结构化数据和非结构化数据，不同类型的数据需要不同的分类与分级策略。例如，结构化数据可以按照数据字段的重要性进行分类和分级，非结构化数据则需要根据内容和上下文进行分类和分级。

②数据量的巨大性：大数据系统中的数据量巨大，手动分类和分级不现实，需要采用自动化工具和算法进行数据分类和分级。例如，采用机器学习算法自动识别和分类数据，根据数据的重要性和敏感性进行分级。

③数据动态变化：大数据系统中的数据随时在更新和变化，需要动态调整数据的分类与分级策略，确保数据分类与分级的实时性和准确性。例如，制定动态数据分类与分级策略，定期评估和调整数据分类与分级标准，确保数据分类与分级的有效性。

2. 数据生命周期管理的全面性

数据生命周期管理是对数据从生成、存储、使用、传输到销毁的全过程进行管理，确保数据在整个生命周期中的安全性和隐私性。然而，数据生命周期管理面临以下挑战。

①数据生成的多样性：数据生成阶段涉及多种数据源和数据类型，需要针对不同的数据源和数据类型制定相应的管理策略。例如，针对传感器数据、日志数据和用户行为数据等不同类型的数据，制定不同的采集和管理策略，确保数据生成阶段的安全性和完整性。

②数据存储的复杂性：数据存储阶段需要考虑数据的冗余备份、加密存储和访问控制等多个方面，确保数据的安全性和可用性。例如，采用分布式存储和多副本存储技术，提升数据存储的可靠性和容错能力。

③据使用的安全性：数据使用阶段需要严格控制数据的访问权限，防止数据被滥用和泄露。例如，采用 RBAC 和 ABAC 等技术，确保数据的合法使用和隐私保护。

④数据传输的安全性：数据传输阶段需要确保数据在传输过程中的机密性和完整性，防止数据被截获和篡改。例如，采用加密传输和认证传输等技术，确保

数据在传输过程中的安全性和完整性。

⑤数据销毁的彻底性：数据销毁阶段需要确保数据的彻底销毁和不可恢复，防止数据泄露和滥用。例如，采用数据擦除和物理销毁等技术，确保数据在销毁后的不可恢复性。

（五）技术与管理的协调

大数据安全不仅依赖于技术手段，还需要有效的管理措施和策略。技术与管理的协调是确保大数据安全的重要因素。

1. 技术手段的实施与管理

通过数据加密、访问控制、身份认证等技术手段，确保数据的安全性和隐私性。然而，技术手段的实施与管理面临以下挑战。

①技术的复杂性：大数据系统涉及多种技术和工具，需要综合运用多种技术手段，确保数据的安全性和隐私性。例如，数据加密需要选择合适的加密算法，访问控制需要制定精细化的权限管理策略，身份认证需要采用多因素认证技术，确保用户身份的真实性和可靠性。

②技术的适用性：不同的数据类型和应用场景对技术手段的要求不同，需要根据具体的应用场景选择合适的技术手段。例如，实时数据处理需要采用低延迟的加密技术，批量数据处理需要采用高性能的加密算法，确保数据处理的效率和安全性。

③技术的更新与维护：技术手段需要不断更新和维护，确保技术的先进性和有效性。例如，定期评估和更新加密算法，防止算法被攻破；定期检查和维护访问控制策略，确保权限管理的准确性和灵活性。

2. 管理措施的制定与实施

通过制定和实施安全策略、政策和规范，确保大数据的合法使用和管理。然而，管理措施的制定与实施面临以下挑战。

①政策的全面性：安全策略、政策和规范需要涵盖数据的生成、存储、使用、传输和销毁等全过程，确保数据的全生命周期管理。例如，制定数据分类和

分级策略，明确数据的安全保护等级；制定数据备份与恢复策略，确保数据的可靠性和可用性；制定数据隐私保护策略，确保用户隐私的保护。

②政策的执行力：政策的执行与监控是确保管理措施有效实施的重要环节。需要通过技术手段和管理措施，确保政策的执行和监控，防止违规和滥用行为。例如，采用安全审计和监控技术，定期检查和评估政策的执行情况；采用自动化工具和系统，确保政策的自动执行和实时监控。

③政策的灵活性：安全策略、政策和规范需要根据业务需求和环境变化进行调整和优化，确保管理措施的灵活性和适应性。例如，定期评估和更新安全策略，确保策略的先进性和有效性；根据业务需求和环境变化，动态调整和优化管理措施，确保管理措施的灵活性和适应性。

（六）应对未知威胁的能力

随着大数据技术的发展，新的安全威胁和攻击手段不断出现，企业和组织需要具备应对未知威胁的能力。

1. 威胁情报的收集与分析

通过收集和分析威胁情报，及时发现和预警潜在的安全威胁。威胁情报的收集与分析面临以下挑战。

①情报来源的多样性：威胁情报包括公开情报、商业情报和自有情报等，如何整合和分析多种情报来源，是一个重要的挑战。例如，公开情报包括安全社区和论坛的信息，商业情报包括安全厂商和服务提供商的数据，自有情报包括企业内部的安全日志和事件记录。

②情报分析的准确性：威胁情报的分析需要综合运用多种技术和工具，确保分析的准确性和有效性。例如，采用机器学习和大数据分析技术，识别和预测潜在的安全威胁；采用关联分析和行为分析技术，发现和预警异常行为和攻击模式。

③情报共享的有效性：威胁情报的共享需要确保情报的时效性和有效性，防止情报滞后和误导行为。例如，建立威胁情报共享平台和机制，确保情报的及时

共享和反馈；采用标准化的情报格式和协议，确保情报的互操作性和可用性。

2. 安全事件的快速响应

通过快速响应和处理安全事件，减少安全事件的影响和损失。安全事件的快速响应面临以下挑战。

①响应机制的完善性：安全事件响应机制涵盖事件的检测、分析、处理和恢复等全过程，确保事件的及时响应和有效处理。例如，建立安全事件响应团队和流程，确保事件的快速响应和处理；制订详细的事件处理和恢复计划，确保事件的有效处理和恢复。

②响应工具的高效性：安全事件响应需要采用高效的工具和系统，提升事件的检测和处理效率。例如，采用 SIEM 系统，实时监控和分析安全事件；采用自动化响应工具和系统，快速处理和恢复安全事件。

③响应能力的持续提升：安全事件响应能力需要不断提升和优化，确保应对不断变化的安全威胁。例如，定期进行安全事件演练和评估，提升事件响应能力；采用新的技术和工具，优化和提升事件响应能力。

第三节 大数据安全管理

一、数据分类与分级

数据分类与分级是大数据安全管理的基础环节，通过对数据进行科学分类和分级，明确数据的安全保护等级，从而制定和实施相应的安全保护措施。以下将对数据分类与分级进行更加深入的阐释。

（一）数据分类

数据分类是指根据数据的类型和性质，对数据进行系统化管理。其主要目

的是识别和区分不同类型的数据，从而制定相应的安全保护措施，以确保数据在不同环境中的安全性和可用性。数据分类的标准通常包括以下几个方面。

1. 结构化数据

结构化数据是指具有固定格式和定义的数据，通常存储在数据库表格中。这类数据易于存储和管理，具有高度的组织性和可搜索性。例如，企业的客户信息、销售记录、财务报表等，都是结构化数据。这些数据通常采用行和列的形式进行存储，便于通过 SQL 等查询语言进行操作和分析。

2. 半结构化数据

半结构化数据是指虽然具有一定的结构，但不完全固定的数据。这类数据通常包含标记或标签，用于描述数据的不同部分。例如，XML 文件、JSON 数据、网络日志等，都是半结构化数据。它们的灵活性较高，能够适应不同的场景，但也因此增加了数据处理的复杂性。

3. 非结构化数据

非结构化数据是指没有预定义格式和结构的数据，这类数据通常无法通过传统的关系型数据库进行管理。例如，文本、图像、音频、视频等，都是非结构化数据。非结构化数据是大数据的主要部分，其处理和分析通常依赖于大数据处理技术和工具，如 Hadoop、Spark 等。

（二）数据分级

数据分级是根据数据的重要性和敏感性，对数据进行分级管理的过程。数据分级的目的是确定数据的安全保护等级，从而制定和实施相应的安全保护措施，确保数据在不同环境中的安全性和隐私性。数据分级通常包括以下几个层次。

1. 公共数据

公共数据是指可以公开访问和共享的数据，对安全性要求较低。这类数据通常不包含敏感信息或个人隐私信息。例如，公开发布的统计数据、政府公开的研究报告、企业的市场推广资料等。尽管公共数据对安全性的要求较低，但仍需确保其完整性和真实性，防止数据被篡改和误用。

2. 内部数据

内部数据是指仅限于企业内部人员访问和使用的数据，对安全性要求较高。这类数据通常包含企业的业务信息、内部文件、员工信息等。例如，企业的工作计划、内部邮件、员工绩效记录等。内部数据需要采取严格的访问控制措施，防止未经授权的访问和泄露。

3. 敏感数据

敏感数据是指对安全性要求很高，需要严格保护的数据。这类数据通常包含个人身份信息、财务数据、商业秘密等。例如，客户的个人信息、公司的财务报表、产品研发资料等。敏感数据需要采用高级别的加密措施和访问控制策略，确保数据的机密性和完整性。

4. 机密数据

机密数据是指对安全性要求极高，涉及国家安全或重大商业利益的数据。这类数据需要最高级别的安全保护措施。例如，国家安全数据、军事情报、大型企业的商业战略等。机密数据不仅需要采用最高级别的加密和访问控制措施，还需要定期进行安全审查和监控，确保数据的绝对安全。

（三）数据分类与分级的实施

为了确保数据分类与分级的有效实施，企业和组织需要采取一系列措施，包括制定分类与分级标准、实施自动化工具、定期评估和调整分类与分级标准等。

1. 制定分类与分级标准

企业和组织应根据自身业务需求和数据特性，制定统一的数据分类与分级标准。分类与分级标准应详细规定不同类型和层次的数据，明确其定义和保护措施。例如，可以制定以下标准。

①结构化数据：包括客户信息、销售记录等，需定期备份和加密存储。

②半结构化数据：包括 XML 文件、网络日志等，需采用灵活的数据处理和分析工具。

③非结构化数据：包括文本、音频、视频等，需采用大数据处理技术进行管理。

④公共数据：包括公开发布的统计数据等，需确保数据的完整性和真实性。

⑤内部数据：包括企业内部文件等，需通过访问控制措施保护。

⑥敏感数据：包括个人身份信息、财务数据等，需采用高级别的加密措施。

⑦机密数据：包括国家安全数据等，需采用最高级别的安全保护措施。

2. 实施自动化分类与分级工具

为了提高数据分类与分级的效率和准确性，企业和组织可以采用自动化工具和技术。例如，利用机器学习和大数据分析技术，自动识别和分类数据。自动化分类与分级工具能够根据预设的标准，自动将数据分类和分级，提高数据管理的效率和准确性。

①机器学习技术：利用机器学习算法，自动分析和分类数据。例如，利用自然语言处理（NLP）技术，自动分类和分级文本数据。

②大数据分析技术：利用大数据分析工具，动态调整数据的分类和分级策略。例如，利用大数据平台，实时监控和分析数据的变化，动态调整数据的分类和分级标准。

3. 定期评估和调整分类与分级标准

为了确保数据分类与分级标准的先进性和适用性，企业和组织应定期评估和调整分类与分级标准。定期审查和更新分类与分级标准，确保其能够适应业务需求和环境变化。

①定期审查：定期审查数据分类与分级标准，发现和解决实施过程中存在的问题。

②反馈机制：建立反馈机制，及时收集和处理分类与分级过程中出现的问题，不断优化和改进分类与分级标准。

③动态调整：根据业务需求和环境变化，动态调整数据分类与分级标准，确保其适应性和有效性。

二、数据生命周期管理

数据生命周期管理是指对数据从生成、存储、使用、传输到销毁的全过程进行管理，确保数据在整个生命周期中的安全性和隐私性。这一过程对于大数据安全管理至关重要，能够有效防止数据泄露和滥用。以下将对数据生命周期管理的各个环节进行更加深入的阐释。

（一）数据生成

数据生成是数据生命周期的起点，数据在生成阶段需要进行安全保护，确保数据的真实性和完整性。

1. 数据采集标准

制定数据采集标准，确保数据采集过程的合法性和合规性。例如，明确规定数据的来源、用途和存储期限，防止非法或不必要的数据采集。通过采用安全的数据采集工具和技术，确保数据在采集过程中不被篡改或泄露。

2. 数据真实性保障

采用数据校验和认证技术，确保数据的真实性和完整性。通过数据校验，可以在数据生成时进行实时验证，确保数据的准确性；而数据认证则通过数字签名等技术，确保数据来源的可信性。例如，在采集客户信息时，可以通过双因素认证来验证用户身份，确保数据的真实性。

（二）数据存储

数据存储是数据生命周期的重要阶段，数据在存储过程中需要进行安全保护，确保数据的机密性和完整性。

1. 数据存储标准

制定数据存储标准，确保数据存储过程的安全性和合规性。例如，明确规定哪些数据需要加密存储，哪些数据需要进行多副本备份。采用加密存储技术，对敏感数据和机密数据进行加密处理，防止数据在存储过程中被非法访问和

泄露。

2. 数据冗余备份

采用多副本存储和异地备份技术，确保数据的高可用性和可靠性，防止数据丢失。例如，可以在不同地理位置存储多份数据副本，以防止因自然灾害或其他突发事件导致的数据丢失。同时，定期进行数据备份，确保备份数据的完整性和可用性。

（三）数据使用

数据使用是数据生命周期的核心阶段，数据在使用过程中需要进行安全保护，确保数据的合法使用和隐私保护。

1. 访问控制策略

制定数据访问控制策略，严格控制用户和系统对数据的访问权限，确保数据的安全性和隐私性。例如，采用基于角色的访问控制模型，根据用户的角色和职责分配访问权限，防止未经授权的访问。通过动态权限管理，实时调整用户的访问权限，确保权限管理的灵活性和安全性。

2. 审计追踪机制

建立数据使用审计追踪机制，记录和监控数据的访问和使用情况，确保数据的合法使用和隐私保护。例如，通过日志管理系统记录所有数据访问和操作行为，定期审查和分析日志，及时发现和处理异常访问和违规行为。

（四）数据传输

数据传输是数据生命周期的重要环节，数据在传输过程中需要进行安全保护，确保数据的机密性和完整性。

1. 传输加密标准

制定数据传输加密标准，确保数据在传输过程中的机密性和完整性。例如，采用 SSL/TLS 等加密协议，对数据传输进行加密保护，防止数据在传输过程中被截获和篡改。通过传输加密技术，确保数据在传输路径中的安全性。

2. 传输认证机制

采用数据传输认证机制，确保数据在传输过程中的真实性和完整性。例如，使用数字签名技术对数据进行签名，确保数据来源的可信性和数据内容的完整性。通过传输认证技术，可以有效防止数据被篡改和伪造。

（五）数据销毁

数据销毁是数据生命周期的终点，数据在销毁过程中需要进行安全保护，确保数据的彻底销毁和不可恢复。

1. 数据销毁标准

制定数据销毁标准，确保数据在销毁过程中的安全性和不可恢复性。例如，采用数据擦除技术，彻底删除存储介质上的数据，防止数据恢复。通过物理销毁方法（如粉碎、焚烧等），确保存储介质的物理破坏，彻底销毁数据。

2. 销毁审计机制

建立数据销毁审计机制，记录和监控数据的销毁过程，确保数据销毁的彻底性和合规性。例如，通过日志记录数据销毁的具体时间、方法和负责人员，定期审查销毁记录，确保销毁过程的规范性和合法性。

（六）数据生命周期管理的实施策略

为了确保数据生命周期管理的有效实施，企业和组织需要采取一系列措施。包括制定标准、采用自动化工具、定期评估和调整等。

1. 制定数据生命周期管理标准

企业和组织应根据自身业务需求和数据特性，制定统一的数据生命周期管理标准。例如，明确规定各个阶段的数据管理要求和保护措施，确保数据在整个生命周期中的安全性和隐私性。

2. 采用自动化工具和技术

为了提高数据生命周期管理的效率和准确性，企业和组织可以采用自动化工具和技术。例如，利用数据分类和分级工具，自动识别和管理数据；采用数据

备份和恢复工具，定期进行数据备份和恢复；利用加密和认证技术，确保数据在传输和存储过程中的安全性。

3. 定期评估和调整管理策略

为了确保数据生命周期管理策略的适应性和有效性，企业和组织应定期评估和调整管理策略。例如，定期审查数据管理标准和措施，发现和解决实施过程中存在的问题；根据业务需求和环境变化，动态调整数据管理策略，确保数据管理的适应性和有效性。

三、数据安全策略

数据安全策略是确保大数据系统安全性和隐私性的核心，通过制定和实施一系列保护措施和管理规范，能够有效防止数据泄露、篡改和滥用。以下将对数据安全策略进行更加深入的阐释。

（一）数据加密策略

数据加密策略是保护数据在传输和存储过程中机密性的关键手段，通过加密算法和密钥管理，确保数据的安全性。

1. 数据加密标准

制定数据加密标准，确保不同类型的数据采用合适的加密算法和加密强度。

①加密算法选择：选择合适的加密算法，确保数据加密的强度和处理效率。例如，AES（高级加密标准）是一种常用的对称加密算法，适用于大多数数据加密场景，而RSA（Rivest-Shamir-Adleman）则是一种常用的非对称加密算法，适用于密钥交换和数字签名。

②加密强度：根据数据的重要性和敏感性，选择适当的加密强度。例如，对于敏感数据和机密数据，建议采用256位或更高强度的加密算法，以确保数据的安全性。

2. 加密密钥管理

加密密钥的安全管理是数据加密策略的核心，确保密钥的生成、存储、分发和销毁的安全性。

①密钥生成和分发：采用安全的密钥生成和分发机制，确保密钥的安全性和不可预测性。例如，使用硬件安全模块（HSM）生成和存储密钥，确保密钥在生成和分发过程中的安全。

②密钥存储和备份：制定密钥存储和备份策略，确保密钥的安全存储和可靠备份，防止密钥丢失和泄露。通过分层存储和多副本备份，提升密钥的安全性和可用性。

③密钥轮换和销毁：建立密钥轮换和销毁机制，定期更换加密密钥，确保密钥的安全性和有效性。例如，制定密钥轮换策略，每隔一定时间或在发现安全漏洞时更换密钥，同时确保旧密钥被安全销毁，防止被非法恢复和使用。

3. 加密性能优化

提升加密性能，确保数据加密和解密过程对系统性能的影响最小。

①加密算法优化：优化加密算法和加密流程，提升加密性能。例如，采用并行加密技术，利用多核处理器的计算能力，加快加密和解密速度。

②硬件加速：利用硬件加速技术，如专用加密芯片或硬件安全模块，提升加密和解密性能，减少对系统资源的消耗。

（二）访问控制策略

访问控制策略通过控制用户和系统对数据的访问权限，确保数据的安全性和隐私性。

1. 访问控制模型

选择合适的访问控制模型，确保权限管理的简洁性和灵活性。

①基于角色的访问控制：基于角色的访问控制模型根据用户的角色和职责分配访问权限，适用于大多数组织的权限管理需求。通过定义不同角色的权限，简化权限管理过程，确保权限分配的规范性和一致性。

②基于属性的访问控制：基于属性的访问控制模型根据用户属性、资源属性和环境属性动态分配访问权限，适用于需要精细化权限管理的场景。通过设置属性条件，实现对用户访问权限的灵活控制，提高权限管理的精确度。

2. 权限管理机制

建立权限分配和管理机制，确保权限分配的准确性和及时撤销。

①权限分配和撤销：制定权限分配和撤销机制，确保权限的准确分配和及时撤销，防止权限滥用和过度授权。例如，采用基于最小权限原则（PoLP）的权限分配策略，仅授予用户完成任务所需的最小权限，减少不必要的权限风险。

②权限审计和监控：建立权限审计和监控机制，定期审查和评估权限分配情况，及时发现和处理权限管理中的问题。例如，通过权限审计工具，定期生成权限分配报告，审查权限分配的合理性和合规性。

3. 动态权限管理

采用动态权限管理技术，确保权限管理的灵活性和安全性。

①上下文感知权限管理：根据用户的上下文信息（如位置、时间、设备等）动态调整访问权限。例如，通过上下文感知技术，实时监控用户的行为和环境变化，自动调整访问权限，确保权限管理的动态性和灵活性。

②实时权限调整：建立实时权限调整机制，根据业务需求和环境变化，动态调整权限配置。例如，通过自动化权限管理系统，实时监控业务需求变化，自动调整用户的访问权限，确保权限管理的适应性和有效性。

（三）数据备份与恢复策略

数据备份与恢复策略确保数据在故障和灾难情况下能够及时恢复，保障业务的连续性和数据的可靠性。

1. 备份策略

制定详细的数据备份策略，确保数据的高可用性和可靠性。

①定期备份：制订定期备份计划，确保重要数据的定期备份，减少数据丢失的风险。例如，每天进行增量备份，每周进行全量备份，确保数据的及时备份和恢复。

②多地点备份：采用多地点备份策略，将备份数据存储在不同的地理位置，防止区域性灾难导致的数据丢失。例如，在不同的数据中心进行备份，确保数据在灾难发生时的可用性。

③增量备份和差异备份：采用增量备份和差异备份策略，提高备份效率，减少备份数据的冗余。例如，增量备份只备份最近一次备份后发生变化的数据，差异备份只备份最近一次全量备份后发生变化的数据。

2. 恢复策略

制定详细的数据恢复策略，确保数据在故障和灾难情况下能够及时恢复，保障业务的连续性。

①数据恢复计划：制订数据恢复计划，明确恢复流程和责任，确保数据在故障和灾难情况下能够及时恢复。例如，制定恢复优先级策略，优先恢复关键业务数据，确保业务的连续性。

②恢复演练：定期进行数据恢复演练，模拟真实的故障和灾难场景，验证备份数据的完整性和恢复流程的有效性。例如，每季度进行一次恢复演练，确保数据恢复计划的可操作性和有效性。

3. 备份数据的安全性

确保备份数据的安全性，防止备份数据被截获和篡改。

①备份数据加密：对备份数据进行加密处理，确保备份数据的机密性和完整性。例如，采用 AES 加密算法，对备份数据进行加密存储，防止备份数据在传输和存储过程中被非法访问。

②备份存储安全管理：制定备份存储安全管理措施，确保备份数据的安全存储和可靠保护。例如，通过访问控制和物理安全措施，防止备份数据的物理损坏和非法访问。

（四）数据共享与交换的安全保护策略

数据共享与交换在大数据环境中非常普遍，制定和实施严格的安全保护策略，确保数据在共享和交换过程中的安全性和隐私性。

1. 数据共享协议

制定详细的数据共享协议，确保数据共享过程中的安全性和合规性。

①共享协议制定：制定详细的数据共享协议，明确数据共享的范围、权限和责任，确保数据共享的合法性和安全性。例如，规定数据共享的目的、使用范围、共享期限和安全要求，确保数据共享的透明度和可追溯性。

②协议执行与监控：建立协议执行与监控机制，确保数据共享协议的有效执行和实时监控，防止数据共享过程中的违规和滥用行为。例如，通过监控系统，实时监控数据共享过程，及时发现和处理异常情况，确保数据共享的安全性。

2. 数据交换安全保护

采用安全保护措施，确保数据在交换过程中的机密性和完整性。

①传输加密与认证：对数据传输过程进行加密处理，确保数据在传输过程中的机密性和完整性，同时采用传输认证技术，确保数据的真实性和完整性。例如，使用 SSL/TLS 加密协议，确保数据在传输过程中的安全性；通过数字签名技术，确保数据来源的可信性。

②数据交换安全监控：建立数据交换安全监控机制，实时监控数据交换过程中的安全威胁和异常情况，确保数据交换的安全性和可靠性。例如，IDS 和 IPS，实时监控数据交换过程，及时发现和阻止潜在的安全威胁。

3. 跨组织数据共享与合作

制定和实施跨组织的数据共享标准和框架，确保不同组织之间的数据共享的安全性和互操作性。

①标准化数据共享：制定跨组织的数据共享标准和框架，确保数据共享的安全性和互操作性。例如，制定统一的数据格式和传输协议，确保不同组织之间数据共享的兼容性和安全性。

②数据共享审计：建立数据共享审计机制，记录和监控数据共享过程，确保数据共享的透明度和可追溯性。例如，通过审计日志，记录数据共享的具体时间、方法和责任人，定期审查和分析共享日志，确保数据共享的合规性和安全性。

参考文献

[1] 艾明，杨静 . 计算机信息网络安全与数据处理技术研究 [M]. 北京：中国原子能出版社，2024.

[2] 陈吉成，郭艾华，葛虹佑 . 计算机网络基础与应用研究 [M]. 哈尔滨：哈尔滨出版社，2024.

[3] 陈明 . 企业信息安全策略 [M]. 南京：南京大学出版社，2022.

[4] 巩建学，董佳佳 . 计算机信息安全与网络技术应用研究 [M]. 长春：吉林出版集团股份有限公司，2024.

[5] 黄亮 . 计算机网络安全技术创新应用研究 [M]. 青岛：中国海洋大学出版社，2023.

[6] 黄晓 . 信息安全风险管理 [M]. 西安：西安交通大学出版社，2022.

[7] 李华 . 网络安全技术与实践 [M]. 上海：复旦大学出版社，2020.

[8] 刘洋 . 国家信息安全与法律 [M]. 北京：法律出版社，2020.

[9] 宋佳 . 云计算安全 [M]. 成都：电子科技大学出版社，2020.

[10] 王继林 . 网络安全导论 [M]. 西安：西安电子科技大学出版社，2024.

[11] 王靓靓 . 计算机信息安全与网络技术应用 [M]. 哈尔滨：黑龙江科学技术出版社，2024.

[12] 王伟 . 信息安全管理系统 [M]. 北京：清华大学出版社，2021.

[13] 吴国庆 . 网络信息安全与防护策略研究 [M]. 北京：中国原子能出版社，2023.

[14] 吴海琴，路翠芳，李尚东 . 计算机网络技术与信息安全研究 [M]. 延吉：延边大学出版社，2023.

[15] 叶思远 . 网络信息安全与管理 [M]. 长春：吉林文史出版社，2023.

[16] 张宾，宿敬肖 . 计算机信息网络安全与数据处理技术研究 [M]. 北京：北京工业大学出版社，2022.

[17] 张辉鹏 . 网络信息安全与管理 [M]. 延吉：延边大学出版社，2022.

[18] 张健鹏 . 网络信息安全基础概述 [M]. 北京：中国商务出版社，2021.

[19] 张丽 . 数据隐私保护 [M]. 广州：中山大学出版社，2021.

[20] 赵鹏 . 网络空间安全 [M]. 武汉：武汉大学出版社，2021.

[21] 郑军 . 现代密码学 [M]. 北京：科学出版社，2021.

[22] 周强 . 个人信息保护法研究 [M]. 北京：社会科学文献出版社，2021.